中等职业学校示范校建设成果教材

电子技术基础与技能

主　编　周业忠
副主编　杨　安　蒋向东　李　朗
主　审　黎　红

机械工业出版社

本书按项目-任务的结构编排。全书分 7 个项目，包括并联型直流稳压电源电路、扩音器电路、调幅式收音机、方波发生器电路、四人抢答器电路、数字秒表电路、555 定时器应用电路，依据电子产品的制作与检修顺序，以及由易到难的逻辑认知顺序，每个项目分为 2~3 个工作任务。

本书可作为中等职业学校电类专业教材，也可以作为相关岗位人员的参考用书。

图书在版编目（CIP）数据

电子技术基础与技能/周业忠主编. —北京：机械工业出版社，2014.7
中等职业学校示范校建设成果教材
ISBN 978-7-111-46685-7

Ⅰ.①电…　Ⅱ.①周…　Ⅲ.①电子技术-中等专业学校-教材
Ⅳ.①TN

中国版本图书馆 CIP 数据核字（2014）第 096587 号

机械工业出版社（北京市百万庄大街 22 号　邮政编码 100037）
策划编辑：范政文　责任编辑：范政文　版式设计：霍永明
责任校对：杜雨霏　封面设计：马精明　责任印制：杨　曦
涿州市京南印刷厂印刷
2014 年 9 月第 1 版第 1 次印刷
184mm×260mm・8　印张・181 千字
0001 — 1200 册
标准书号：ISBN 978-7-111-46685-7
定价：22.00 元

前　言

"电子技术基础与技能"是电类专业的重要基础课程。根据企业对电类专业所涉及的岗位群的要求和实际教学的需要，本书贯彻以培养学生实践技能为重点，按照"项目-任务"的结构，理实一体，充分体现了"以就业为导向、以能力为本位"的教学理念。教学内容的设计注重培养学生的技术能力、创新意识及综合职业能力，以增强学生适应职业变化的能力，也为学生以后专业课程学习奠定基础。

本书内容设计是以日常生活和生产中的典型电子产品的制作、检测和维修为项目载体，再以工作任务驱动引出相关专业知识和技能的学习。全书共7个项目，分别是并联型直流稳压电源电路，扩音器电路，调幅式收音机，方波发生器电路，四人抢答器电路，数字秒表电路，555定时器应用电路。本书主要突出以下特色。

1. 采用项目教学法，通过将每个项目分解为2～3个由浅及深、由易到难的任务，开展教学。

2. 根据中等职业学校实际情况，结合行业专家对专业所涉及的岗位群的任务和职业能力分析，确定本书的项目任务内容。全书每个任务都采用了"任务目标—任务描述—任务实施—知识链接—任务评价"的模式进行编写，符合学生心理特征和认知能力的实际要求，使学生在实际操作中学习知识、掌握技能，任务后的"知识拓展"为基础好的学生拓宽知识面，再通过"思考与练习"让学生灵活应用。

本书由重庆市工业学校周业忠担任主编，格力电器重庆分公司杨安及重庆市工业学校蒋向东、李朗担任副主编，重庆市工业学校王一萍、刘涛、郑开明参编。其中，周业忠编写了项目一和项目四；李朗编写了项目二；杨安编写了项目三；蒋向东编写了项目五；刘涛编写了项目六；王一萍、郑开明编写了项目七。全书由周业忠统稿，由重庆市工业学校黎红主审。

由于编者水平有限，书中难免出现不足，敬请读者批评指正。

编　者

目　　录

项目一　并联型直流稳压电源电路

在我们生活中，电视机、电脑等电器设备都需要直流稳压电源。本项目就是通过制作和检修直流稳压电源来学习 PN 结，二极管的结构、符号、工作原理、主要参数及其测试，整流滤波电路和并联型直流稳压电路的组成、工作原理、简单计算以及故障检测与维修方法。

任务一　二极管的识别与检测

 任务目标

知识目标

1）了解半导体基本知识及 PN 结的特性。

2）认识二极管的结构及符号，熟悉常见的几种特殊二极管的作用。

3）掌握二极管的基本特性，了解二极管的伏安特性曲线。

技能目标

1）掌握常用二极管的识别与检测方法。

2）了解二极管的选用方法。

素质目标

1）养成学生独立思考、动手操作的习惯。

2）培养学生互相学习的习惯和团结互助的品格。

任务描述

二极管是一种简单的半导体器件，是应用电路中常见的电器元件。在仪器仪表及家用电器中的指示灯通常是发光二极管（简称 LED），它是二极管的一种，它还可以组成文字或数

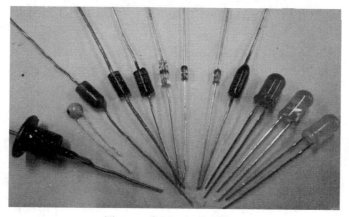

图 1-1　常用二极管的外形

字显示电路。常用二极管的外形如图1-1所示。本任务就是按要求对给定的不同型号的二极管进行识别与检测。

任务实施

一、工具及材料准备

1）万用表（MF47）、可调直流稳压电源（0～50V）、直流毫安表、直流微安表。

2）电子元器件及材料明细表如表1-1所示。

表1-1　电子元器件及材料明细表

序号	名　称	规　格	数　量	序号	名　称	规　格	数　量
1	普通二极管	2AP1	1	6	光敏二极管	2DU1B	1
2	整流二极管	1N4007	1	7	电阻器	100Ω	1
3		2CZ12	1	8	电位器	100Ω	1
4	稳压二极管	1N4146	1	9	开关		1
5	发光二极管	BT1142	1	10	连接导线		若干

二、二极管管脚的识别

二极管的正负极可从外壳标注或由其特定的外形结构来判断。常用的标注方式有标志环、图形符号等，有标志环的一端是负极，二极管的常见封装如图1-2所示。

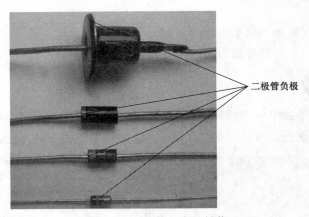

二极管负极

图1-2　二极管的常见封装

三、二极管管脚的检测

在二极管没有或看不清任何极性标志时，可以用万用表来检测其管脚极性及质量好坏。检测方法是：

1）将万用表量程置于R×1k或R×100挡，并进行欧姆调零。

2）将万用表的红、黑表笔分别与二极管的两个管脚相接，读出所测电阻值，并记录所测电阻值；再将两支表笔交换测出两个管脚间的电阻值，并记录结果。两次测量中，阻值小的一次，黑表笔所接的管脚为二极管的正极，且该阻值为二极管的正向电阻值；较大的阻值为二极管的反向电阻值。正反向电阻值相差越大，说明二极管的性能越好。若正向电阻值和反向电阻值均很小，说明该二极管已被击穿损坏；若正向电阻值和反向电阻值均为无穷大，说明该二极管已开路损坏。将测试数据及判断结果填入表 1-2 中。

表 1-2　二极管测试及性能判断

序号	型号	正向电阻/Ω	反向电阻/Ω	挡位选择	性能
1					
2					
3					
4					
5					
6					

四、二极管特性曲线测试

1. 测试二极管的正向特性

按图 1-3a 连接电路，二极管选用 1N4007。调节电位器改变二极管两端的正向电压值，分别读出相应的电压值和电流值，并将数据填入表 1-3 中。

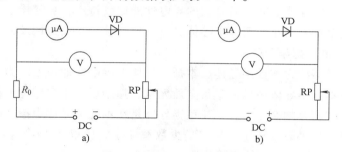

图 1-3　二极管特性测试电路

a）正向特性测试　b）反向特性测试

2. 测试二极管的反向特性

按图 1-3b 连接电路，调节电位器改变二极管两端的反向电压值，分别读出相应的电压值和电流值，并将数据填入表 1-3 中。注意：①二极管加反向电压；②采用可调直流稳压电源（0～150V）；③正确选择万用表直流电压挡。

表 1-3　二极管特性测试

正向电压/V	正向电流/mA	反向电压/V	反向电流/μA
0		1.0	
0.2		2.0	
0.4		5.0	
0.6		10.0	

（续）

正向电压/V	正向电流/mA	反向电压/V	反向电流/μA
0.8		20.0	
1.0		30.0	
2.0		35.0	
3.0		40.0	
4.0		45.0	
5.0		50.0	

3. 画出二极管特性曲线

建立以电压为横坐标，电流为纵坐标的直角坐标系。采用表1-3中记录的数据在直角坐标系上描出二极管的伏安特性曲线。

 **知识链接**

一、半导体的基本知识

1. 半导体

自然界中的物质，按导电性能的不同大致可分为导体、半导体和绝缘体。其中半导体的导电性能介于导体与绝缘体之间，而且它的导电性能比较特殊，会随掺杂、通电、温度变化及光照的不同而发生很大变化。所以半导体具有热敏特性、光敏特性及掺杂特性。

2. N型半导体和P型半导体

不含杂质的半导体称为本征半导体，本征半导体的导电性能很差。为了提高本征半导体的导电性能，可在本征半导体中掺入微量杂质元素，掺杂后的半导体称为掺杂半导体。N型半导体和P型半导体都是掺杂半导体。N型半导体是在本征半导体中掺入磷，它主要靠自由电子导电，其中电子是多数载流子，空穴是少数载流子，所以N型半导体也称为电子型半导体；P型半导体是在本征半导体中掺入硼，它主要靠空穴导电，其中空穴是多数载流子，电子是少数载流子，所以P型半导体也称为空穴型半导体。

3. PN结及其特性

经过特殊的工艺加工，将N型半导体和P型半导体紧密地结合在一起，则在两种半导体的交界处就会出现一个特殊的接触面，称为PN结。PN结外加正向电压时导通如图1-4a

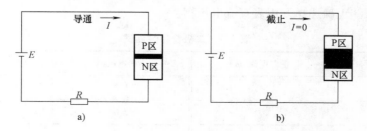

图1-4　PN结的单向导电性

a）正向特性　b）反向特性

所示，外加反向电压时截止如图 1-4b 所示，这种特性称为 PN 结的单向导电性。

二、二极管的结构及特性

1. 二极管的基本结构及图形符号

从 PN 结的 P 型区和 N 型区各引出一个电极，封装起来就构成了二极管。其中，从 P 型区引出的电极为二极管的正极（或阳极），从 N 型区引出的电极为二极管的负极（或阴极），其结构与符号如图 1-5 所示。

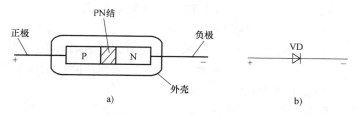

图 1-5　二极管的结构与图形符号
a）结构　b）符号

2. 二极管的种类

二极管按材料可分为硅管、锗管、砷化镓管；按结构可分为点接触型、面接触型和平面型；按用途可分为普通二极管、整流二极管、开关二极管、稳压二极管、发光二极管、光敏二极管、变容二极管等。各种二极管的用途及图形符号如表 1-4 所示。

表 1-4　二极管的用途及图形符号

名　称	图 形 符 号	用　途
普通二极管		高频检波等
整流二极管	──▷⊢──	整流电路
开关二极管		开关电路
稳压二极管	──▷⊦──	稳压电路
发光二极管	──▷⊦──	显示器件
光敏二极管	──▷⊦──	光控器件
变容二极管	──▷⊦──	高频调谐

3. 二极管的伏安特性

（1）二极管的基本特性　二极管两端加上正向电压（二极管的正极和负极分别接电源的正极和负极），二极管处于正向偏置工作状态，简称正偏。二极管正偏时，呈现较小的电阻，阻值约为几百欧至几千欧；若二极管两端加上反向电压（二极管的正极和负极分别接电源的负极和正极），二极管处于反向偏置工作状态，简称反偏。二极管反偏时，呈现很大的电阻，理想状态的阻值为无穷大。由此可见，二极管只能在正向电压的作用下才能导通，我们把二极管的这种特性称为单向导电性，这是二极管的最基本的特性。

（2）正向特性　正向特性是指二极管外加正偏电压时，流过它的电流随其两端电压变化的特性。如图 1-6 所示，第一象限曲线为二极管的正向特性曲线。由正向特性曲线可知，当正偏电压很小时，二极管的正向电流几乎为零，这个区域称为死区，死区的最高电压为死区电压。一般硅管的死区电压约为 0.5V，锗管的死区电压约为 0.2V。随着正偏电压的增大，开始时正向电流从零值上升很缓慢，当正偏电压达到某一电压值附近时，二极管的电流随电压的变化迅速上升，进入导通状态。二极管导通后，其两端电压比较稳定，几乎不随电流的变化而变化，这一稳定的正向电压值称为二极管的正向压降，也称为管压降。一般硅管的管压降约为 0.7V，锗管的管压降约为 0.3V。

（3）反向特性　反向特性是指当二极管反偏时，流过它的电流随其两端电压变化的特性。如图 1-6 所示，第三象限曲线为二极管的反向特性曲线。由反向特性曲线可知，在反向电压的一定范围内，反向电流（称之为反向饱和电流）很小，且基本不变，二极管处于截止状态。当反向电压增大到某一电压值时，反向电流会突然增大，称这一现象为二极管的反向击穿，此时所对应的电压值称为反向击穿电压，用 U_{BR} 表示。

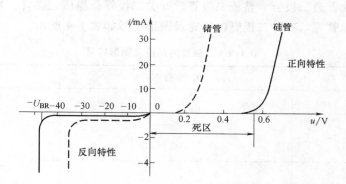

图 1-6　二极管的伏安特性曲线

另外，由伏安特性曲线可知：锗管的反向饱和电流比硅管大。通常，硅管的反向饱和电流是几微安至几十微安，锗管可达到几百微安。二极管属于非线形元件。

三、二极管的主要参数

二极管的参数确定了二极管的适用范围，它是合理选取二极管的依据。二极管的参数比较多，其主要参数如下：

1. 最大整流电流（I_{FM}）

最大整流电流指二极管长期工作时允许通过的最大正向电流的平均值，使用中若工作电流超过这个值二极管就会因过热而损坏。

2. 最高反向工作电压（U_{RM}）

最高反向工作电压指二极管正常工作时其两端所允许外加的最高反向电压值，使用中二极管实际承受的最大反向电压不应超过该值，否则二极管就有被击穿的危险。

四、特种二极管

1. 稳压二极管

稳压二极管是一种特殊面接触型二极管，它的外形结构如图 1-7a 所示。正向特性曲线与普通二极管相似，而反向击穿特性曲线很陡，如图 1-7b 所示。正常情况下稳压二极管工作在反向击穿区，由于曲线很陡，反向电流在很大范围内变化时，端电压变化很小，因而具有稳压作用。只要反向电流不超过其最大稳定电流，就不会形成破坏性的热击穿。因此，在电路中稳压二极管应串联适当的限流电阻。

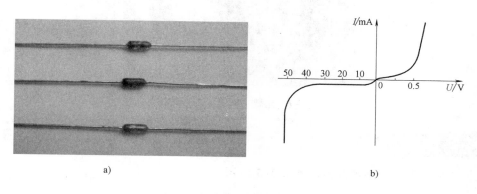

a)　　　　　　　　　　　　　　　　　　b)

图 1-7　稳压二极管

a）外形结构　b）伏安特性曲线

2. 发光二极管

发光二极管是一种可将电能转化成不同波长（颜色）的光的发光器件，它的外形结构如图 1-8a 所示。发光二极管是一种通以正向电流就会发光的二极管，它由某些当自由电子和空穴复合时就会产生光辐射的半导体制成，采用不同材料，可发出红、橙、黄、绿、蓝色光。发光二极管按一定结构封装起来就可以形成一个显示区域，称为发光显示单元。如图 1-8b 所示，7 段数码显示器可以显示 0 ~ 9 这些数字；在 5×7 的显示区域中，通过控制不同的区域发光，可显示出不同的字符（数字、字母及特殊符号）。

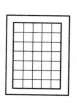

a)　　　　　　　　　　　　　　　　　　b)

图 1-8　发光二极管

a）外形结构　b）LED 显示单元

3. 光敏二极管

光敏二极管的结构与普通二极管类似，但是管壳上有一个透光的窗口，可接受外部的光照。光敏二极管的外形结构如图 1-9 所示。这种二极管使用时工作在反向偏置状态。在无光照射时，光敏二极管的伏安特性和普通二极管一样，此时的反向电流称为暗电流，此电流很小，只有几微安，甚至更小；当有光照时，其反向电流（光电流）随光照强度的增加而上升。另外，光电流的大小还与入射光的波长有关。因此，光敏二极管是将光信号转换为电信号的半导体器件，可用作光的测量。利用光敏二极管的工作原理可制成太阳能电池。

图 1-9　光敏二极管的外形结构

任务评价

二极管的识别与检测评分标准如表 1-5 所示。

表 1-5　二极管的识别与检测评分标准

考核项目	考核要求	评价标准	配分	自评分	互评分	师评分	分评总分	总评
仪器仪表的使用	正确、规范使用万用表	1. 万用表测试功能选择错误，每次扣 3 分 2. 万用表测试挡位选择不恰当，每次扣 2 分	10					
二极管极性的判别及测试	能正确测试判别二极管管脚极性及质量好坏	1. 不会识别有标志的二极管，每只扣 5 分 2. 不会测试管脚极性，每只扣 5 分 3. 不会判别质量好坏，每只扣 5 分	45					
二极管特性测试	能正确装接测试电路、会描绘伏安特性曲线	1. 电路装接错误扣 10 分 2. 特性曲线描绘错误扣 10 分	20					
课堂活动的参与度	积极参与课堂组织的讨论、思考、操作和回答提问	1. 不积极思考或没参加小组讨论、没回答提问，视情况扣 2～5 分 2. 不参加小组操作，扣 5 分	15					
安全文明实训	遵守实训室管理要求，保持实训环境整洁	1. 违反管理要求，视情况扣 2～10 分 2. 未保持环境整洁和清洁，扣 5 分	10					

注：分评总分 = 自评分 ×20% ＋互评分 ×30% ＋师评分 ×50%。

知识拓展

一、二极管的型号命名方法（国家标准 GB/T 249—1989）

二极管的型号命名由五部分组成。型号组成部分的符号及意义如表 1-6 所示。

表 1-6　型号组成部分的符号及意义

第一部分		第二部分		第三部分		第四部分	第五部分
电极数		材料和极性		类型			
符号	意义	符号	意义	符号	意义		
2	二极管	A B C D	N 型，锗材料 P 型，锗材料 N 型，硅材料 P 型，硅材料	P Z W K C L S	普通管 整流管 稳压管 开关管 变容管 整流堆 隧道管	用数字表示 器件序号	用汉语拼音 表示规格号

二、国外二极管的型号及意义

例如：1N4007 型号，其中 1N 是日本电子元件命名法，“1”表示有 1 个 PN 结为二极管，“4007”为登记号。

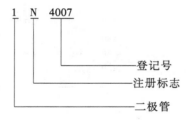

三、常用二极管的参数

常用普通二极管、整流二极管、发光二极管、光敏二极管的参数分别如表 1-7 ~ 表 1-10 所示。

表 1-7　常用普通二极管的参数

型号	最大整流电流/mA	最高反向工作电压（峰值）/V	反向击穿电压（反向电流为 400μA）/V	正向电流（正向电压为 1V）/mA	反向电流（反向电压分别为 10V、100V）/μA	最高工作频率/MHz
2AP1	16	20	≥40	≥2.5	≤250	150
2AP2	16	30	≥45	≥1.0	≤250	150
2AP3	25	30	≥45	≥7.5	≤250	150
2AP7	12	100	≥150	≥5.0	≤250	150

表 1-8　常用整流二极管的参数

型号	最大正向电流/mA	最高反向工作电压(峰值)/V	最高反向工作电压下的反向电流/μA		最大正向电流下的正向电压降/V
			20℃	125℃	
2CZ12	3	50			≤0.8
2CZ12A	3	100			≤0.8
2CZ13	5	50	≤0.01	≤1	≤0.8
2CZ13J	5	1000	≤0.01	≤1	≤0.8
2CZ53B	0.1	50	≤0.05	≤1.5	≤0.8
1N4001	1	50	≤0.05	≤1.5	≤1
1N4002	1	100			≤1
1N4003	1	200			≤1
1N4004	1	400			≤1

表 1-9　常用发光二极管的参数

颜色	波长/mm	基本材料	正向电压降/V
红	650	磷砷化镓	1.6 ~ 1.8
黄	590	磷砷化镓	2.0 ~ 2.2
绿	555	磷化镓	2.2 ~ 2.4

表 1-10　常用光敏二极管的参数

型号	最高工作电压/V	暗电流/μA	光电流/μA	电流灵敏度/($\mu A \cdot \mu W^{-1}$)	结电容/pF	响应时间/s
2CU1A	10	≤0.2	≥80	≥0.5	≤20	10^{-7}
2CU1B	20	≤0.2	≥80	≥0.5	≤15	10^{-7}
2CU1C	30	≤0.2	≥80	≥0.5	≤15	10^{-7}
2CU1D	40	≤0.2	≥80	≥0.5	≤10	10^{-7}
2CU1E	≥50	≤0.2	≥80	≥0.5	≤10	10^{-7}

任务二　单相桥式整流滤波电路的制作与检测

任务目标

知识目标

1) 了解整流的作用,掌握单相半波、全波整流电路的组成、工作原理及简单计算。

2) 了解滤波的作用,掌握单相桥式整流滤波电路的结构及工作原理。

技能目标

1) 能根据具体电路正确选择整流二极管和滤波电容器。

2) 掌握单相桥式整流滤波电路的制作方法,会用示波器观测输入、输出电压及波形。

素质目标

1) 养成学生独立思考和动手操作的习惯。

2）培养学生之间互相帮助、团结协作的精神。

任务描述

　　整流电路是直流稳压电源的一部分，其作用是将交流电转换成直流电，但在所有整流电路的输出电压中，都不可避免地包含交流成分，为了减少交流成分，一般在整流电路后都要接滤波电路以使负载得到平滑的直流电压，所以本任务要求依据给定的电路指标，按电路原理图实施电路布局、电路制作、元器件的选择及电路的安装调试等工作，装配并调试出符合工艺要求和技术要求的合格的整流滤波电路，单相桥式整流滤波电路元器件布置图如图 1-10 所示。

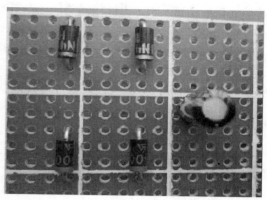

图 1-10　单相桥式整流滤波电路元器件布置图

任务实施

一、工具及材料准备

1）万用表、双踪示波器、220V 交流电源、焊接工具。
2）单相桥式整流滤波电路元器件明细表如表 1-11 所示。

表 1-11　单相桥式整流滤波电路元器件明细表

序号	名　称	型号规格	数　量
1	整流二极管	1N4007	4
2	电阻器 R	1kΩ	1
3	电源变压器 T	AC220V/12V	1
4	电解电容器 C	100μF/15V	1
5	万用板	35mm×50mm	1

二、单相桥式整流滤波电路的制作

1. 设计电路装接图

根据给定的电路图设计电路装接图。要求电路布局合理、正确，符合工艺要求。

2. 元器件的检测

（1）色环电阻器　主要识别其标称阻值，并用万用表 R×1k 挡测量电阻器，确认其阻值大小。

（2）电容器　主要确认电解电容的极性，用 R×1k 挡判别是否漏电或性能好坏。

（3）二极管　主要判断其正负极并检测其质量好坏。

（4）电源变压器　用万用表电阻挡测变压器的一次侧、二次侧有无短路和开路，查看其外观有无绝缘损伤和导体裸露情况。

3. 电子电路元器件装接步骤

按由小到大、由低到高、由轻到重、由一般到特殊的顺序进行装接。

4. 电路制作及装接

1）按工艺要求对元器件引脚进行加工成型。注意不要反复折弯元器件引脚，以免因其折断而报废。

2）按顺序在万用板上插接元器件。根据电路装接图，按从左至右、从上至下的顺序连接导线。接线要可靠，无漏接、虚接、短路现象，并引出电源接线端及输入、输出信号接线端。

注意：滤波电容在整流电路输出电压后再装接。

5. 电路的调试

电路安装完毕，自检无误后，可接入电源进行电路调试。

三、电路的测试

1）使用万用表分别测量单相桥式整流电路和滤波电路的输入、输出电压，将测量结果记录在表 1-12 中。

表 1-12　单相桥式整流电路和滤波电路的输入、输出电压

电路形式	输入电压		输出电压	
	万用表挡位	U_2/V	万用表挡位	U_L/V
桥式整流电路				
滤波电路				

2）使用示波器分别检测单相桥式整流电路和滤波电路的输入、输出电压波形，将检测结果记录在表 1-13 中。

表 1-13　单相桥式整流电路和滤波电路的输入、输出电压波形

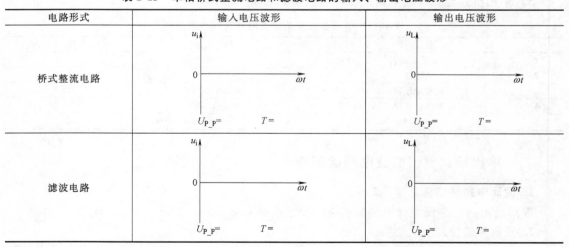

知识链接

一、单向半波整流电路

1. 单向半波整流电路组成

单相半波整流电路如图 1-11a 所示。由变压器、二极管组成，R_L 是直流负载电阻。其中，变压器是将电网交流电压变换成整流电路所要求的交流低电压，同时起到把直流电源和

电网电源隔离的作用。

2. 单向半波整流电路的工作原理

设电网电压为 u_1，变压器输出电压为 u_2，其有效值为 U_2，VD 是整流二极管，当 u_2 为正半周时，二极管 VD 正向导通，则加在负载 R_L 上的电压为 u_2 的正半周电压。当 u_2 为负半周时，二极管 VD 反向截止，则负载 R_L 两端电压为零，所以 u_2 的负半周电压全部加在二极管上，即二极管承受的最高反向电压 $U_{RM} = \sqrt{2}U_2$。单相半波整流电路的电压波形如图 1-11b 所示。由于只在 u_2 的正半周有输出电压，负载上的电压是单方向脉动电压，所以这种整流电路称为半波整流电路。

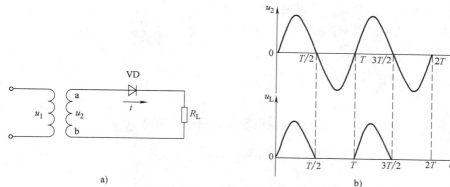

图 1-11　单相半波整流电路
a）电路结构　b）电压波形

在半波整流电路中，输出脉动直流电压的平均值 U_L 约为 $0.45U_2$，取

$$U_L = 0.45U_2$$

负载电流的平均值 $I_L = \dfrac{U_L}{R_L} = 0.45\dfrac{U_2}{R_L}$

在实际应用中，二极管的最大正向电流 I_{RM} 应大于负载电流，最高反向工作电压 U_{RM} 应大于 $\sqrt{2}U_2$。所以，选择二极管时应满足：$I_{RM} \geqslant I_L$，$U_{RM} \geqslant \sqrt{2}U_2$。

二、单相桥式整流电路

1. 单相桥式整流电路的组成

单相桥式整流电路如图 1-12 所示，电路由 4 个二极管接成电桥的形式，称为桥式整流电路。其中，VD_1、VD_2 的负极接在一起，作为输出直流电压的正极性端；同时，VD_3、VD_4 的正极接在一起，作为输出直流电压的负极性端。电桥的另外两端之间加入待整流的交流电压。

2. 单相桥式整流电路的工作原理

当 u_2 为正半周时，VD_1、VD_3 正向导通，而 VD_2、VD_4 反向截止，此时负载电压 u_L 与 u_2 相同。当 u_2 为负半周时，VD_2、VD_4 正向导通，而 VD_1、VD_3 反向截止，此时负载电压 u_L 与 u_2 大小相同。单相桥式整流电路的电压波形如图 1-13 所示。总之，在单相桥式整流电路中，在输入交流电压的正、负半周，都有同一方向的电流流过负载 R_L，4 只二极管

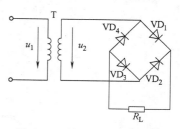

图 1-12　单相桥式整流电路

两两轮流导通，在负载上得到全波的直流电压和电流，故这种整流电路称为全波整流电路。

由此可见，在交流电压 u_2 的整个周期始终有同一方向的电流流过负载，故负载上得到单方向全波脉动的直流电压。所以，单相桥式整流电路输出电压平均值为半波整流电路输出电压平均值的两倍，故单相桥式整流电路输出电压平均值为

$$U_L = 0.9U_2$$

在单相桥式整流电路中，由于每两只二极管只导通半个周期，故流过每只二极管的平均电流仅为流过负载电流的一半，即

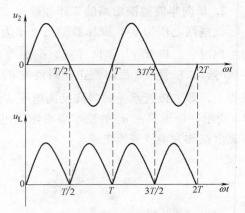

图 1-13　单相桥式整流电路的电压波形

$$I_D = \frac{1}{2}I_L = 0.45\frac{U_2}{R_L}$$

显然，每只二极管所承受的最高反向电压与半波整流电路相同，即

$$U_{RM} = \sqrt{2}U_2$$

所以，选择二极管时应满足：$I_{RM} \geqslant \frac{1}{2}I_L$，$U_{RM} \geqslant \sqrt{2}U_2$

三、单相桥式整流滤波电路的组成及工作原理

1. 电容滤波电路的组成及工作原理

整流电路和负载之间并联一个电容器 C，电容器 C 在电路中起滤波作用，故称为电容式滤波。单相桥式整流电容滤波电路如图 1-14 所示。由于 u_2 在一个周期内，4 只二极管两两轮流导通，电容 C 完成两次充放电，使得输出电压 u_L 更加平滑。滤波效果与电容器的电容量有关，电容器电容量越大，由于充放电的时间越长，输出电压就越平滑。其电压波形如图 1-14b 所示。

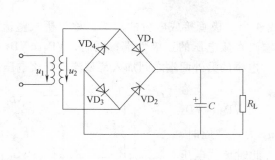

a)

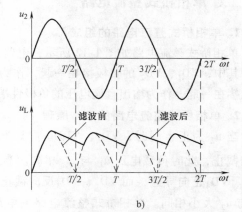

b)

图 1-14　单相桥式整流电容滤波电路

a）电路结构　b）电压波形

负载上的直流电压和电流：

$$U_{\mathrm{L}} \approx 1.2 U_2$$

$$I_{\mathrm{L}} = \frac{U_{\mathrm{L}}}{R_{\mathrm{L}}} = 1.2 \frac{U_2}{R_{\mathrm{L}}}$$

一般来说，电容滤波电路输出直流电压高、脉动小，但带负载的能力较差，适用于负载电流较小且负载变动不大的场合，可以作小功率直流电源。

2. 电感滤波电路的组成及工作原理

单相桥式整流电感滤波电路如图 1-15 所示。该电路由电感线圈 L 与负载电阻 R_{L} 串联组成。

由于通过电感的电流不能突变，因此当通过电感线圈的电流增大时，电感线圈产生的自感电动势与电流方向相反，阻止电流增加，同时将一部分电能转化成磁场能存储在电感中；当通过电感线圈的电流减小时，电感线圈产生的自感电动势与电流方向相同，阻止电流减小，同时电感线圈释放出存储的能量，以补偿电流的减小。因此，经过电感滤波后，脉动减小，波形变得比较平滑，如图 1-15b 所示。

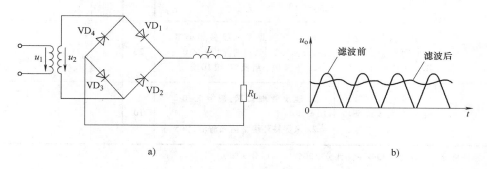

a)   b)

图 1-15 单相桥式整流电感滤波电路
a）电路结构 b）电压波形

电感滤波电路输出电压的平均值为 $U_{\mathrm{L}} = 0.9 U_2$。电感滤波电路适用于一些大功率整流设备和负载电流变化较大的场合。

3. 整流二极管和滤波电容的选择

接入电容滤波后，二极管导通时间变短，尤其在接通电源瞬间会产生很大的电流，所以在选择二极管时其额定电流应满足：$I_{\mathrm{F}} \geqslant 3 U_{\mathrm{L}}/2R_{\mathrm{L}}$

为了得到平滑的负载电压，滤波电容常按式（1-1）选取。

$$C = (3 \sim 5) T/2R_{\mathrm{L}} \tag{1-1}$$

式中 T——交流电源电压的周期。

思考：单相桥式整流滤波电路的输出电压随负载的变化有何变化？

任务评价

单相桥式整流滤波电路的制作与检测评分标准如表 1-14 所示。

表 1-14　单相桥式整流滤波电路的制作与检测评分标准

考核项目	考核要求	评价标准	配分	自评分	互评分	师评分	分评总分	总评
仪器仪表的使用	正确、规范使用万用表和示波器	1. 万用表使用不正确,包括功能、挡位选择和读数,每次扣3分 2. 示波器调节方法不当,不能观测,扣5分 3. 仪器仪表损坏,扣20分 4. 测量数据错误,每处扣3分	30					
电路的装接	在规定时间内按工艺要求独立完成电路的装接;电路接线正确,布局合理	1. 电路装接错误,扣10分 2. 元器件布置不合理,接线关系不清楚,一处扣5分 3. 有漏接、漏焊、虚焊和假焊,每处扣3分 4. 板面不清洁,有撒焊,每处扣2分 5. 在规定时间内未完成电路的装接,扣10分	40					
课堂活动的参与度	积极参与课堂组织的讨论、思考、操作和回答提问	1. 不积极思考或没参加小组讨论、没回答提问,视情况扣2~10分 2. 不参加小组操作,扣10分	20					
安全文明实训	遵守实训室管理要求,保持实训环境整洁	1. 违反管理要求,视情况扣2~10分 2. 未保持环境整洁和清洁,扣5分	10					

注：分评总分 = 自评分×20% + 互评分×30% + 师评分×50%。

知识拓展

示　波　器

示波器是电子电路检测的主要仪器之一,用于观察被测信号的波形及测量被测信号的电压、周期和相位。图 1-16 是 ST-16 型双踪示波器面板图。

图 1-16　ST-16 型双踪示波器面板图

一、ST-16 型双踪示波器面板功能键及其作用

示波器面板功能键及其作用如表 1-15 所示。

表 1-15　ST-16 型双踪示波器面板功能键及其作用

功　能　键		作　　用
电源开关		按下时电源接通,指示灯亮
亮度和聚焦旋钮		亮度调节旋钮用于调节波形或光点的亮度(有些示波器称为"辉度"),使用时应使亮度适当,若过亮,容易损坏示波管。聚焦调节旋钮用于调节光迹的聚焦(粗细)程度,使用时以图形清晰为佳
校准信号旋钮		用于调整示波器输出标准方波信号的幅度及周期
垂直控制	位移旋钮	用于调节输出波形在垂直方向的位置
	方式选择	用于选择示波器输出波形的方式,分 CH1、CH2、断续和 CH2 反相
	VOLTS/DIV 旋钮	用于电压量程选择,可改变显示屏上的波形幅度。其数值表示显示屏上每个方格所代表的电压值
	微调旋钮	可连续改变显示屏上的波形幅度,当使用 VOLTS/DIV 定量测试电压时,该旋钮应置于"校准"位置
	AC/DC 按钮	指 CH1、CH2 垂直输入耦合选择按钮
	CH1、CH2 输入接口	用于连接探头,以便信号的测量
水平控制	位移旋钮	用于调节输出波形在水平方向的位置
	扫描方式按钮	包括触发选择、触发信号极性选择及复位选择
	电平旋钮	用于调整输出波形的稳定性
	SCE/DIV 旋钮	扫描时间刻度的选择旋钮,可改变显示屏上波形在水平方向的宽度。其数值表示显示屏上每个方格所代表的时间值
	微调旋钮	可连续改变时基因素的大小,当要用 SCE/DIV 定量测试时间时,该旋钮应置于"校准"位置
其他		包括耦合方式选择及外接输入端口

二、示波器的调节

1）开启电源,指示灯显示,并调节亮度、聚焦及辅助聚焦旋钮以提高显示波形的清晰度。

2）调节标尺亮度控制钮,使坐标玻片上刻度线的亮度适当。

3）调节寻迹旋钮使偏离显示屏的光迹回到显示区域内。

4）选择显示方式：①CH1 挡,即 CH1 通道单独工作、单踪波形显示；②CH2 挡,即 CH2 通道单独工作、单踪波形显示；③交替挡,即双通道处于交替工作状态,其交替工作转换受扫描重复频率控制,从而实现双踪显示；④断续挡：即两通道交替工作,一般低频率信号时使用此挡。

正常调试整机过程中,通常使用 CH1 + CH2 挡：此时双通道工作,作双踪波形显示。

5）选择信号至仪器的耦合方式即：DC-GND-AC，一般选用 DC 挡此时能观察到输入信号的交直流分量。

6）调节电压量程挡级开关，根据被测信号的幅度选择适当的挡级，同时调节两个通道使其一致。

7）连接输入信号探头，并要加接好负载，调节扫速挡级开关使扫描速率与输入信号频率同步，当开关上的微调旋钮按顺时针旋尽时，面板上所指示的标称值，可直接读为扫描速度值。

8）调节被测整机各功能键，观察显示波形在坐标 X 轴及 Y 轴上的变化量是否达标。

任务三　并联型直流稳压电源的制作与检修

🔧 任务目标

知识目标

掌握并联型直流稳压电源的组成及工作原理。

技能目标

1）学会并联型直流稳压电源的制作方法与检修方法。

2）学会用仪器仪表调试、测量稳压电路。

素质目标

1）使学生养成独立思考和动手操作的习惯。

2）培养学生互相帮助、互相学习和团结协作的精神。

🔧 任务描述

交流电经整流、滤波后已经变成比较平滑的直流电，但还不够稳定，当负载变化或电网电压波动时，输出的直流电压仍会随其波动，这对电子电路的正常工作是不利的。因此滤波后还需加入稳压电路。本任务就是在学习并联型直流稳压电路工作原理的基础上，制作并联型直流稳压电源并对电路进行检修。并联型直流稳压电源的元器件布置图及电路制作图如图 1-17 所示。

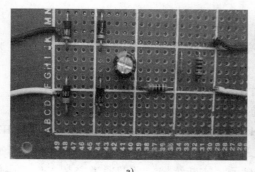
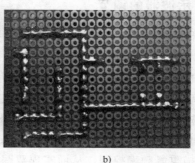

a)　　　　　　　　　　　　　　　　b)

图 1-17　并联型直流稳压电源

a）元器件布置图　b）电路制作图

任务实施

一、工具及材料准备

1）可调交流电源（0～15V）、万用表、焊接工具。

2）并联型直流稳压电源元器件明细表如表1-16所示。

表1-16 并联型直流稳压电源元器件明细表

序　号	名　称	规　格	数　量
1	电阻器 R	680Ω	1
2	电阻器 R_L	1kΩ	1
3	电解电容器 C	100μF/25V	1
4	稳压二极管 VS	8.2V	1
5	电位器 RP	470Ω/2W	1
6	二极管 VD_1～VD_4	1N4007	4
7	电源变压器 T	220V/12V	1
8	万用板	35mm×50mm	1
9	连接导线	φ0.3 铜芯线	若干

二、电路制作与调试

1. 元器件检测

（1）色环电阻器　主要识别其标称阻值，用万用表相应挡位测量选用的电阻器，确认阻值的大小。

（2）电位器　用万用表相应挡位测量其标称值，并检测其质量的好坏。

（3）稳压二极管　主要判断其正负极，检测其质量好坏及稳压值。

2. 绘制装接图

按并联型直流稳压电源电路图设计、绘制装接图。要求按电路的连接关系布线，元器件布线要均匀，结构紧凑，连接导线要平、直，导线不能交叉，确实需交叉的导线应在元器件体下穿过。

3. 引脚加工成型

按工艺要求对元器件引脚进行成型加工。注意不要反复折弯元器件引脚，以免因其折断而报废。

4. 电路制作

按照装接图进行电路制作。在焊接稳压二极管时注意极性不能装错。

5. 电路调试

电路装接完毕并自检无误后，可接入电源进行电路调试。若电路工作正常，则稳压电路输出电压基本保持为8.2V。

三、电路的测试

1）接通交流电源，并调整交流电源输出电压值，用万用表测量电路各级电压值，观测稳压输出的电压值，将结果填入表1-17。

2）使交流电源输出电压值为10V，调节电位器RP，用万用表测量电路各级电压值，观测稳压输出的电压值，将结果填入表1-17。

表1-17　稳压电路测试

		滤波输出电压/V	稳压输出电压/V
电源电压（U_0）	5V		
	8V		
	10V		
	12V		
负载电阻（R_P）	最小值		
	最大值		

四、电路的检修

1）接上稳压二极管后，输出电压只有0.7V左右，这是由于稳压二极管的正负极接反了，对调稳压二极管正负极即可。

2）输出电压偏低，测量滤波电容C上的电压偏低，这可能是由某只二极管开路造成的。

3）输出电压小于8.2V，而且当负载变化时电压也基本不稳定，这是由加在稳压二极管上的电压不够大引起的，应增大输入电压。

知识链接

一、并联型直流稳压电源的组成

并联型直流稳压电源的电路图如图1-18所示。由于稳压二极管VS反向并联在负载的两端，故此电路称为并联型直流稳压电路。该电路的输入电压可以来自整流滤波电路的输出电压。

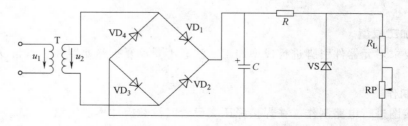

图1-18　并联型直流稳压电源的电路图

二、并联型直流稳压电源工作原理

并联型直流稳压电源利用了稳压二极管工作在反向击穿区时，其两端电压微小的变化会引起较大的电流变化的原理。该电路中，因为$U_i = U_R + U_L$（$U_L = U_Z$），$I_R = I_Z + I_L$，所以当

负载电阻不变、电网电压升高时，稳压过程如下：

电网电压↑→U_i↑→U_L↑→U_Z↑→I_Z↑→I_R↑→U_R↑→U_L↓，反之亦然。

当电网电压不变、负载电阻减小时，稳压过程如下：

负载电阻R_L↓→U_L↓→U_Z↓→I_Z↓→I_R↓→U_R↓→U_L↑，反之亦然。

综上所述，并联型直流稳压电源利用稳压二极管电流的变化引起限流电阻R两端电压的变化，从而达到稳压的目的。限流电阻在电路中起到限流和调整输出电压的双重作用，必须选择恰当，阻值过小可能烧毁稳压二极管，阻值过大会使稳压二极管的稳压特性变差，而且输出电流变小。并联型直流稳压电源仅适用于小功率负载且电流变化不大的电路中。

任务评价

并联型直流稳压电源的制作与检修评分标准如表1-18所示。

表1-18　并联型直流稳压电源的制作与检修评分标准

考核项目	考核要求	评价标准	配分	自评分	互评分	师评分	分评总分	总评
仪器仪表使用	正确、规范使用万用表	万用表使用不正确,包括功能、挡位选择和读数,每次扣3分	10					
电路制作及安装	电路布局合理,安装符合工艺要求	1. 电路安装正确、完整,每处不符合扣10分 2. 元器件安装符合工艺要求,每处不符合扣5分 3. 焊接符合工艺要求,每处不符合扣2分 4. 元器件完好无损,损坏元器件每只扣2分	45					
电路测试	按要求正确测试及调节	1. 不能正确测试数据每次扣5分 2. 不能正确调节电源或电位器,每次扣5分	15					
课堂活动的参与度	积极参与课堂组织的讨论、思考、操作和回答提问	1. 不积极思考或没参加小组讨论、没回答提问,视情况扣2~10分 2. 不参加小组操作,扣10分	20					
安全文明实训	遵守实训室管理要求,保持实训环境整洁	1. 违反管理要求,视情况扣2~10分 2. 未保持环境整洁和清洁,扣5分	10					

注：分评总分 = 自评分×20% + 互评分×30% + 师评分×50%。

知识拓展

集成稳压器

集成稳压器将串联型稳压电路及其过电流、过热保护电路集成在同一块半导体芯片上。它有三个引脚，分别为输入端、输出端和公共端（调整端），因而又称为三端集成稳压器。

它具有体积小、稳压性能好、可靠性高、温度特性好、安装方便、使用灵活等优点，并已得到广泛的应用。三端集成稳压器按性能和用途不同，可分为固定式和可调式两种，而且可调式三端集成稳压器性能优于固定式三端集成稳压器，可以组成精密稳压器或稳流电路；按输出电压极性不同，可分为正、负电源两种。

固定式三端集成稳压器有正电压输出和负电压输出两个系列，其基本应用电路如图1-19所示。

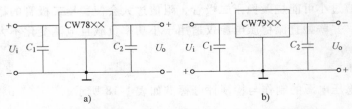

图1-19　固定式三端集成稳压器的基本应用电路

a）正电压输出　b）负电压输出

可调式三端集成稳压器也分为正电压输出和负电压输出两类，其基本应用电路如图1-20所示。

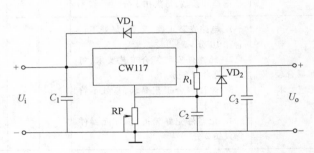

图1-20　可调式三端集成稳压器的基本应用电路

思考与练习

一、填空题

1. 半导体中存在着两类载流子，其中带正电的载流子叫＿＿＿＿＿＿。N型半导体中多数载流子是＿＿＿＿＿＿，P型半导体中多数载流子是＿＿＿＿＿。

2. 二极管的P型区引出端叫＿＿＿＿极，N型区引出端叫＿＿＿＿极。二极管的单向导电性是指其两端加正向电压时，二极管＿＿＿＿；加反向电压时，二极管＿＿＿＿。

3. 在用万用表测二极管的正、反向电阻时，若正、反向电阻均接近于零，则表明该二极管已＿＿＿＿＿；若正、反向电阻均接近于无穷大，则表明二极管已＿＿＿＿＿。

4. 硅材料二极管的死区电压是＿＿＿V，导通电压是＿＿＿V；锗材料二极管的死区电压是＿＿＿V，导通电压是＿＿＿V。

5. 型号2CK12中的"2"是指＿＿＿＿＿＿，"C"是指＿＿＿＿＿＿，"K"是

指_____。

6. 整流的目的是将_____电转换成_____电。

7. 在单相桥式整流电路中，若有一个二极管接反，则输出电压为_____V，若4个二极管极性都接反，则输出电压为_____V。

8. 半波整流与桥式整流相比，输出电压脉动成分较小的是_____电路。

9. 若半波整流电路负载两端的平均电压为 4.5V，则二极管的最高反向电压应是_____V。

10. 若桥式整流电路中变压器的二次电压为 10V，则二极管的最高反向工作电压应不小于_____V，若负载电流为 800mA，则每只二极管的平均电流应大于_____mA。

11. 常用滤波电路有_____、_____和复式滤波几种。

12. 滤波电容应与负载_____，滤波电感应与负载_____。

13. 滤波电路的作用是要滤去_____部分，提取_____部分。

14. 在桥式整流电容滤波电路中，若负载电阻开路，则输出电压为_____V，若滤波电容开路，则输出电压为_____V。

15. 并联型稳压电源具有带_____能力差及输出电压_____的特点。

二、选择题

1. PN 结的最大特点是具有（　　）。

A. 导电性　　　　B. 绝缘性　　　　　　C. 单向导电性　　　D. 光敏特性

2. 测量二极管正向电阻时，若用两手把引脚捏紧，电阻值将会（　　）。

A. 变大　　　　B. 变小　　　　　　C. 不变　　　　D. 不能确定

3. 当二极管外加反向电压时，反向电流很小，且不随（　　）变化。

A. 正向电压　　　B. 正向电流　　　　C. 电压　　　　D. 反向电压

4. 当硅二极管加上 0.4V 正向电压时，该二极管相当于（　　）。

A. 短路　　　　B. 开路　　　　　　C. 很小电阻　　　D. 很大电阻

5. 二极管导通时其管压降（　　）。

A. 基本不变　　　B. 随外加电压变化　　C. 没有电压　　　D. 不定

6. 二极管导通时相当于一个（　　）。

A. 可变电阻　　　B. 闭合开关　　　　C. 断开的开关　　　D. 大电阻

7. 稳定二极管稳压时外加电压是（　　）。

A. 正向电压　　　　　　　　　　　B. 反向电压

C. 正向、反向电压都可以　　　　　D. 无法确定

8. 单相半波整流电路输出电压平均值为变压器二次电压的倍数是（　　）。

A. 0.9　　　　B. 0.45　　　　　　C. 0.707　　　　D. 1

9. N 型硅材料整流堆二极管用（　　）表示。

A. 2CP　　　　B. 2CW　　　　　　C. 2CZ　　　　D. 2CL

10. 某二极管的击穿电压为 300V，当直接对 220V 正弦交流电进行半波整流时，该二极管（　　）。

A. 会击穿　　　B. 不会击穿　　　　C. 升高　　　　D. 保持不变

11. 选择二极管时，二极管的最大正向电流应（　　　　）。

A. 小于负载电流　　B. 大于负载电流　　　　　C. 等于负载电流　　　　　D. 都可以

12. 一只稳压值为 8.2V 的稳压管正常工作时，应外加（　　　　）。

A. 正向电压　　　　B. 反向电压　　　　　　　C. 正向或反向　　　　　D. 不能确定

13. 电源变压器的作用是（　　　　）。

A. 降压　　　　　　B. 升压　　　　　　　　　C. 提高电阻　　　　　　D. 提高电流

14. 在单相桥式整流滤波电路中，与负载并联的元器件是（　　　　）。

A. 电容　　　　　　B. 电感　　　　　　　　　C. 电阻　　　　　　　　D. 开关

15. 单相桥式整流电路接入滤波电容后，二极管的导通时间（　　　　）。

A. 变长　　　　　　B. 变短　　　　　　　　　C. 不变　　　　　　　　D. 不能确定

16. 电容滤波电路适合于（　　　　）。

A. 大电流负载　　　B. 小电流负载　　　　　　C. 一切负载　　　　　　D. 对负载没要求

17. 稳压二极管与一般二极管不同的是，稳压二极管工作在（　　　　）。

A. 击穿区　　　　　B. 反向击穿区　　　　　　C. 导通区　　　　　　　D. 反向导通区

18. 直流稳压电源电路中滤波电路的作用是（　　　　）。

A. 将交流变为直流　　　　　　　　　　　　　B. 将高频变为低频

C. 滤掉交流成分　　　　　　　　　　　　　　D. 滤掉直流成分

19. 并联型直流稳压电源组成部分有（　　　　）。

A. 2 部分　　　　　B. 3 部分　　　　　　　　C. 4 部分　　　　　　　D. 5 部分

20. 并联型直流稳压电源稳压二极管工作在（　　　　）。

A. 正向特性线性区　　　　　　　　　　　　　B. 正向特性死区

C. 反向特性区　　　　　　　　　　　　　　　D. 反向特性击穿区

21. 并联型直流稳压电源输出电压为（　　　　）。

A. 输入电压　　　　B. 稳压管的稳定电压　　　C. 变压器的二次电压　　D. 电源电压

三、判断题

1. 二极管外加正向电压一定导通。　　　　　　　　　　　　　　　　　　　　（　　　）

2. 二极管具有单向导电性。　　　　　　　　　　　　　　　　　　　　　　　（　　　）

3. 二极管一旦反向击穿就一定损坏。　　　　　　　　　　　　　　　　　　　（　　　）

4. 二极管具有开关特性。　　　　　　　　　　　　　　　　　　　　　　　　（　　　）

5. 二极管外加正向电压也有稳压作用。　　　　　　　　　　　　　　　　　　（　　　）

6. 二极管正向电阻很小，反向电阻很大。　　　　　　　　　　　　　　　　　（　　　）

7. 测量二极管正、反向电阻时要用万用表的 R×10k 挡。　　　　　　　　　　（　　　）

8. 在单相整流电路中，输出直流电流的大小与负载大小无关。　　　　　　　　（　　　）

9. 输出电压为 $0.9U_0$ 的电路是电容滤波电路。　　　　　　　　　　　　　　（　　　）

10. 整流电路接入电容滤波后，输出直流电压下降。　　　　　　　　　　　　（　　　）

11. 电容滤波电路带负载的能力比电感滤波电路强。　　　　　　　　　　　　（　　　）

12. 单相整流滤波电路中，电容器的极性不能接反。　　　　　　　　　　　　（　　　）

13. 并联型直流稳压电源带负载能力强。　　　　　　　　　　　　　　　　　（　　　）

14. 并联型直流稳压电源输出电压调整方便。 （　　）
15. 并联型直流稳压电源中的输入电压应小于稳压二极管的稳定电压。 （　　）

四、简答题

1. 什么是 PN 结？它最基本的特性是什么？
2. 半导体的导电特性有哪些？
3. 为什么测量小功率二极管时不能使用万用表的 R×10k 或 R×1 挡？
4. 检测二极管时，能不能在电路中测量？为什么？
5. 直流稳压电源中各组成部分的作用是什么？
6. 并联型直流稳压电源的稳压过程是怎样的？

项目二　扩音器电路

在实际生产和生活中，为了便于观察、测量和控制信号，常需要将微弱的电信号进行放大。这就需要放大电路或放大器，组成放大电路的核心元器件就是晶体管。放大电路一般由电压放大电路和功率放大电路组成。本项目就是通过制作和调试扩音器来学习晶体管基本知识及其检测、放大电路基础知识与应用。

任务一　晶体管的识别与检测

 **任务目标**

知识目标

1）了解晶体管的结构和符号，熟悉其种类及型号。

2）认识晶体管的特性曲线，了解其主要参数。

3）掌握晶体管的电流分配关系和放大作用，能领会晶体管的三种工作状态和条件。

技能目标

1）能识别与检测晶体管。

2）学会查阅晶体管手册。

素质目标

1）养成学生实事求是、动手操作的习惯。

2）培养学生团结协作、互相帮助的精神。

任务描述

晶体管是电子线路中重要的电子器件，其主要功能是电流放大和开关作用。放大电路是许多电子仪器设备的重要组成部分。放大电路的本质是能量、信号的控制和转换。放大电路中完成放大任务的器件是晶体管，它的性能直接影响电路的性能。常见晶体管的外形如图2-1所示。本任务就是识别与检测晶体管。

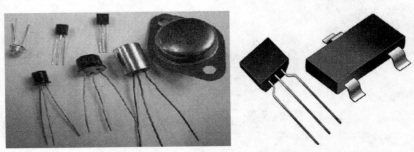

图 2-1　常见晶体管的外形

任务实施

一、工具及材料准备

万用表、不同型号的晶体管若干。

二、晶体管的识别与检测

1. 直观识别晶体管的管脚

晶体管三个电极的分布有一定规律，常见晶体管封装形式的管脚分布如图 2-2 所示。

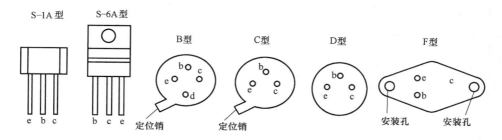

图 2-2 常见晶体管封装形式的管脚分布

2. 用万用表测试晶体管

（1）确定晶体管的基极和管型 先将万用表置于 R×1k 或 R×100 挡，并进行欧姆调零。然后用红、黑表笔分别测试晶体管管脚中的两个管脚间的正、反向电阻（6次），其中两次阻值较小时，测试连接的公共管脚就是基极。若是黑表笔连接基极，该晶体管为 NPN 型；若是红表笔连接基极，该晶体管为 PNP 型。

（2）确定晶体管的集电极与发射极并估测放大能力 在确定了基极和管型后，如果是 NPN 型，可以将红、黑表笔分别接在两个未知管脚上，表针应指向无穷大处，再用手指把基极和黑表笔所接管脚一起捏住（两极不能碰接），记录所测阻值；对调红、黑表笔所接的两个管脚，用同样的方法再测出一个阻值；比较两次结果，阻值较小的一次，黑表笔所接的是晶体管的集电极，红表笔接的是发射极。PNP 型晶体管的测试方法基本相似，只是用手指捏住基极和红表笔所接管脚，测两次阻值，阻值较小的一次红表笔所接管脚为集电极，黑表笔接的是发射极。注意，测得的阻值越小，说明晶体管的放大能力越大，若两次测试表针均不动，则表明晶体管没有放大能力。

晶体管的集电极和发射极的确实是个难点，在检测时很容易将基极与假想的集电极碰在一起，所以要特别注意。

3. 晶体管的材料及功用

依据晶体管的型号，通过手册查找该晶体管的材料及功用。

4. 晶体管性能的判别

1）在确定晶体管基极的测量过程中，若出现两次以上的较小阻值时，说明晶体管已损坏。

2）若测得集电极与发射极间的电阻值变小，说明晶体管性能变差，不宜继续使用。

将晶体管的识别与检测结果填入表2-1。

表2-1　晶体管的识别与检测结果

序号	型号	管型	材料	管脚极性图	功用	性能
1						
2						
3						
4						
5						
6						
7						
8						
9						
10						

知识链接

一、晶体管基础知识

1. 晶体管的结构及分类

（1）结构　晶体管内部有三层半导体、两个 PN 结。根据导电性能的不同，晶体管可分为 NPN 型和 PNP 型两种类型。图 2-3 分别是 NPN 型和 PNP 型晶体管的结构及图形符号。晶体管的文字符号通常用"VT"来表示。从三层半导体分别引出晶体管的三个极，分别称为发射极 E、基极 B 和集电极 C，对应的每层半导体分别称为发射区、基区和集电区，发射区与基区交界处的 PN 结称为发射结，集电区与基区交界处的 PN 结称为集电结。

虽然发射区和集电区都是同类型的半导体，但它们不是对称的，其中发射区比集电区掺杂杂质的浓度大（有利于发射电子），集电结的面积比发射结的面积大（有利于接受电子），所以实际使用时，发射极与集电极不能互换。

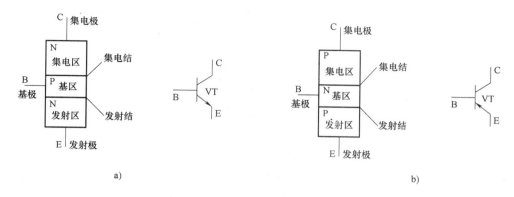

图 2-3　晶体管的结构及图形符号

a）NPN 型晶体管的结构及图形符号　b）PNP 型晶体管的结构及图形符号

（2）分类　晶体管的种类很多，按材料和极性可分为硅材料的 NPN 型和 PNP 型、锗材料的 NPN 型和 PNP 型；按用途可分为高频放大管、中频放大管、低频放大管、低噪声放大管、光电管、开关管、高反压管、达林顿管、带阻尼的晶体管等；按功率可分为小功率晶体管、中功率晶体管、大功率晶体管；按封装形式可分为金属封装晶体管、玻璃封装晶体管、陶瓷封装晶体管、塑料封装晶体管等。

2. 晶体管的电流放大作用

晶体管的集电极电流 I_C 与相应的基极电流 I_B 的比值称为共发射极直流电流放大倍数，用 $\overline{\beta}$ 表示，即晶体管集电极变化量与相应的基极电流变化量的比值称为共发射极交流电流放大倍数，用 β 表示，一般晶体管的 β 值为 20～200。

3. 晶体管的电流分配关系

晶体管的基极电流 I_B、集电极电流 I_C 和发射极电流 I_E 之间满足下列关系：

$$I_E = I_B + I_C$$

由于
$$I_C = \beta I_B$$

则
$$I_E = (1 + \beta) I_B$$

二、晶体管的伏安特性

1. 输入特性曲线

输入特性曲线是指当晶体管集电极与发射极之间的电压 U_{CE}（称为晶体管的管压降）一定时，基极电流 I_B 与发射结电压 U_{BE} 之间的关系曲线，如图 2-4a 所示。一般发射结的死区电压为硅管 0.5V、锗管 0.1V，工作电压为硅管 0.7V、锗管 0.3V。

2. 输出特性曲线

输出特性曲线是指当晶体管的基极电流 I_B 一定时，集电极电流 I_C 与管压降 U_{CE} 之间的关系曲线，如图 2-4b 所示。

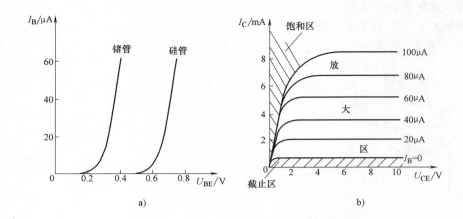

图 2-4　晶体管的特性曲线

a）晶体管的输入特性曲线　b）晶体管的输出特性曲线

晶体管的输出特性曲线分为 3 个区，即截止区、放大区和饱和区。每一个工作区对应晶体管不同的工作状态，即截止状态、放大状态和饱和状态。晶体管 3 种工作状态的工作条件和特点如表 2-2 所示。

表 2-2　晶体管 3 种工作状态的工作条件和特点

工作状态	截 止 状 态	放 大 状 态	饱 和 状 态
工作条件	集电结正偏，发射结反偏或小于死区电压	集电结反偏，发射结正偏	集电结和发射结均正偏
特点	$I_B = 0$，$I_C \approx 0$	$I_C = \beta I_B$	I_C 不受 I_B 控制

三、晶体管的主要参数

1. 电流放大系数

（1）共发射极直流放大系数 $\overline{\beta}$（或放大倍数）　$\overline{\beta}$ 是晶体管的集电极电流 I_C 与相应的基极电流 I_B 的比值，即 $\overline{\beta} = \dfrac{I_C}{I_B}$。

（2）共发射极交流放大系数 β（或放大倍数）　β 是晶体管集电极的电流变化量 ΔI_C 与相应的基电极电流变化量 ΔI_B 的比值，即 $\beta = \dfrac{\Delta I_C}{\Delta I_B}$。

2. 极限参数

（1）最大集电极电流 I_{CM}　集电极电流 I_C 在相当大的范围内发生变化时，晶体管的 β 值都基本保持不变，但当 I_C 增大到一定程度时 β 值将减小，使 β 值下降到额定值的 2/3 时的集电极电流 I_C 称为最大集电极电流。

（2）最大集电极耗散功率 P_{CM}　当硅管的结温大于 150℃ 或锗管的结温大于 70℃ 时，晶体管的特性明显变坏，甚至烧坏。

（3）极间反向击穿电压　晶体管的某一电极开路时，另外两个电极间所允许加的最高反向电压即为极间反向击穿电压，超过此值时晶体管会发生击穿现象。

常用晶体管的基本参数如表 2-3 所示。

表 2-3 常用晶体管的基本参数

型号	极间反向击穿电压 V_{be0}/V	最大集电极电流 I_{CM}/A	最大集电极耗散功率 P_{CM}/W	放大系数	特征频率	类型
2SA1309A	25	0.1	0.3	*	*	PNP
2SD1544	1500	3.5	40	*	*	NPN
2SD802	900	6	50	*	*	NPN
2SC2717	35	0.8	7.5	*	*	NPN
2SC2482	150	0.1	0.9	*	*	NPN
2SC2073	150	1.5	25	*	*	NPN
2SC1815Y	60	0.15	0.4	*	*	NPN
2SB774T	30	0.01	0.25	*	*	PNP
2SA1015R	50	0.15	0.4	*	*	PNP
2SA904	90	0.05	0.2	*	*	PNP
2SA562T	30	0.4	0.3	*	*	PNP

任务评价

晶体管的识别与检测评分标准如表 2-4 所示。

表 2-4 晶体管的识别与检测评分标准

考核项目	考核要求	评价标准	配分	自评分	互评分	师评分	分评总分	总评
仪器仪表的使用	正确、规范使用万用表	万用表使用不正确,每次扣 2 分	20					
晶体管的识别与测试	能正确测试判别晶体管管型、管脚极性、材料、功用及性能	1. 不会测试判别基极,每只扣 3 分 2. 不会测试管型、管脚极性,每只扣 5 分 3. 不会判别材料、功用及性能,每只扣 3 分	50					
课堂活动的参与度	积极参与课堂组织的讨论、思考、操作和回答提问	1. 不积极思考或没参加小组讨论、没回答提问,视情况扣 5 ~ 10 分 2. 不参加小组操作,扣 10 分	20					
安全文明实训	遵守实训室管理要求,保持实训环境整洁	1. 违反管理要求,视情况扣 5 ~ 10 分 2. 未保持环境整洁和清洁,扣 5 分	10					

注:分评总分 = 自评分 ×20% + 互评分 ×30% + 师评分 ×50% 。

知识拓展

晶体管的型号命名方法

按国家标准 GB/T 249—1989 的规定,晶体管的型号命名由五部分组成,型号组成部分的符号及意义如表 2-5 所示。

表 2-5　晶体管型号组成部分的符号及意义

第一部分(数字)		第二部分(拼音)		第三部分(拼音)		第四部分(数字)	第五部分(拼音)
表示器件电极数		表示器件的材料和极性		表示器件的类型		表示器件的序号	表示器件的规格号
符号	意义	符号	意义	符号	意义		
3	晶体管	A B C D	PNP 型锗材料 NPN 型锗材料 PNP 型硅材料 NPN 型硅材料	X G D A K	低频小功率晶体管 高频小功率晶体管 低频大功率晶体管 高频大功率晶体管 开关管	序号	规格号

任务二　基本放大电路的制作与检测

任务目标

知识目标

1）了解晶体管的放大作用，掌握晶体管的 3 种工作状态和条件。

2）掌握基本放大电路的组成、工作原理和主要参数的计算。

技能目标

1）会调整基本放大电路静态工作点和改善波形失真。

2）能简单分析基本放大电路的静态、动态量。

3）会制作和检测基本放大电路。

素质目标

1）养成学生实事求是、动手操作的习惯。

2）培养学生团结协作、互相帮助的精神。

任务描述

　　晶体管与电阻、电容组成的放大电路，通过晶体管处于导通或截止状态实现对电路的控制，从而构成很多的实用电路。本任务就是通过制作与检测基本放大电路来学习如何选用、检测电子元器件以及安装电子设备的工艺和检测方法。基本放大电路元器件布置图如图 2-5 所示。

图 2-5　基本放大电路元器件布置图

任务实施

一、工具及材料准备

1）万用表、焊接工具及常用电路装接工具。

2）基本放大电路元器件明细表如表 2-6 所示。

表 2-6 基本放大电路元器件明细表

序号	名称	规格	数量
1	电阻器 R_b	100kΩ	1
2	电阻器 R_C	2kΩ	1
3	电位器 RP	500kΩ	1
4	电解电容 C_1、C_2	33μF/6.3V	2
5	晶体管 VT_1	9013(8050)	1
6	直流电源	0~36V	2
7	万用板	55mm×45mm	1

二、电路制作

1. 元器件检测

（1）电阻器　用万用表相应挡位测量选用的电阻，确认阻值的大小，并检测其质量的好坏。

（2）电容器　确认电解电容的极性，用万用表判别是否漏电或性能好坏。

（3）晶体管　识别其类型与管脚的排列，并用万用表检测其质量的好坏。

2. 电路制作

按图 2-5 在万用板上制作电路并进行电路装接。

三、电路调节及测试

1）电路制作完成后进行自检，正确无误后才能接入电源进行调试。

2）稳压电源调至 12V，调节电位器 RP，调出晶体管工作的 3 个工作状态，用万用表测试对应 3 个工作状态下的电压，并将所测值填入表 2-7 中。

表 2-7 基本放大电路测试点电压

晶体管状态	U_B	U_C	U_{BE}	U_{CE}
饱和				
截止				
放大				

知识链接

一、基本放大电路

共射放大电路是 3 种基本放大电路组态之一，基本放大电路处于线性工作状态的必要条件是设置合适的静态工作点，工作点的设置直接影响放大器的性能。放大器的动态技术指标是在有合适的静态工作点时，保证放大电路处于线性工作状态下进行测试的。共射放大电路具有电压增益大、输入电阻较小、输出电阻较大、带负载能力强等特点。

1. 电路结构及电量表示

基本放大电路如图 2-6 所示。电路中的电压、电流都是由直流成分和交流成分叠加而成的，故作如下规定：

1）直流分量用大写字母和大写字母下角标表示，如：I_B、V_C。

2）交流分量用小写字母和小写字母下角标表示，如：i_b、u_c。

3）交流分量有效值用大写字母和小写字母下角标表示，如：V_i、V_o。

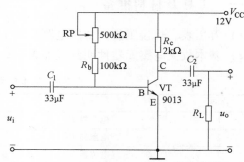

图 2-6　基本放大电路

4）交、直流分量叠加（总量）表示方式如：基极电流总量 $i_B = I_B + i_b$。

2. 晶体管处于放大状态的条件

发射结加正偏电压，集电结加反偏电压。

3. 静态工作点

一个放大器静态工作点的设置是否合适，是放大器能否正常工作的重要条件。

放大器无信号输入时的直流工作状态叫静态，由这些电流、电压参数在晶体管输入输出特性曲线簇上所确定的点叫静态工作点，用 Q 表示。描述静态工作点的量有：I_{BQ}、I_{CQ}、V_{BEQ} 和 V_{CEQ}。

4. 放大器的放大过程

各量变化的顺序为：$U_i \rightarrow U_{BE} \rightarrow i_B \rightarrow i_C \rightarrow U_{CE} \rightarrow U_o$。

注意：v_i、i_B 和 i_C 三者是同相的，而输出电压 v_o 则与输入信号电压 v_i 的相位相反。

5. 基本放大电路的分析

（1）静态工作点的估算　由于静态只研究直流，为分析方便，可根据其直流通路进行分析。画出直流通路的方法是把电路中的电容看成开路，电感看成短路。基本放大电路的直流通路如图 2-7 所示。

由图 2-7 可知：

基极电流为：$I_{BQ} = \dfrac{V_{CC} - V_{BEQ}}{R_b}$

集电极电流为：$I_{CQ} = \beta I_{BQ}$

集电极与发射极管压降为：$V_{CEQ} = V_{CC} - I_{CQ} \cdot R_c$

（2）输入电阻、输出电阻及电压放大倍数的计算　由于输入电阻、输出电阻及电压放大倍数反映的是交流分量的关系，可根据交流通路进行分析。画出交流通路的方法是把电路中的电容看成短路，直流电源短路。基本放大电路的交流通路如图 2-8 所示。

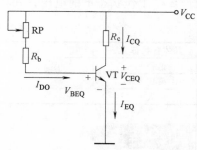

图 2-7　基本放大电路的直流通路

晶体管的输入电阻常常进行估算，其值为

$$r_{be} = 300\Omega + (1 + \beta)\frac{26\text{mA}}{I_{EQ}}$$

式中 I_{EQ} 的单位为 mA。

放大器的输入电阻是指从放大电路输入端看进去的交流等效电阻，即

$$r_i = R_b // r_{be} = \frac{R_b \times r_{be}}{R_b + r_{be}} \quad (R_b \gg r_{be})$$

放大器的输出电阻是指从放大电路输出端看进去的交流等效电阻，即

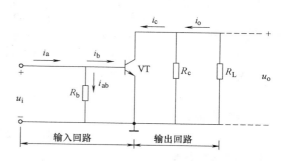

图 2-8 基本放大电路的交流通路

$$r_o \approx R_c$$

放大电路的电压放大倍数为

空载时

$$A_u = \frac{u_o}{u_i} = \frac{u_o}{u_{be}} = \frac{-\beta i_b R_c}{i_b r_{be}} = -\beta\frac{R_c}{r_{be}}$$

带负载时

$$A_u = \frac{u_o}{u_i} = \frac{u_o}{u_{be}} = \frac{-\beta i_b R'_L}{i_b r_{be}} = -\beta\frac{R'_L}{r_{be}}$$

其中 $R'_L = R_C // R_L$

二、分压式偏置电路（有稳定工作点的放大电路）

分压式偏置电路的电路结构如图 2-9a 所示。其中 R_{b1} 为上偏流电阻，R_{b2} 为下偏流电阻。

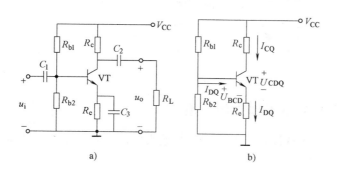

图 2-9 分压式偏置电路

a）电路结构 b）交流通路

分压式偏置电路稳定工作点的过程可表示为：

$$T\uparrow \rightarrow I_{CQ}\uparrow \rightarrow I_{EQ}\uparrow \rightarrow V_{EQ}\uparrow \rightarrow V_{BEQ}\downarrow \rightarrow I_{BQ}\downarrow \rightarrow I_{CQ}\downarrow$$

分压式偏置电路静态工作点的估算：

$$I_{CQ} \approx I_{EQ} = \frac{V_{BQ}}{R_e} = \frac{R_{b2} \cdot V_{CC}}{(R_{b1} + R_{b2})R_e} \quad I_{BQ} = \frac{I_{CQ}}{\beta}$$

$$V_{CEQ} = V_{CC} - I_{CQ} \cdot R_c - I_{EQ} \cdot R_e \approx V_{CC} - I_{CQ}(R_c + R_e)$$

输入电阻：

$$R_i = R_{b1} /\!/ R_{b2} /\!/ r_{be}$$

输出电阻：

$$R_o \approx R_c$$

电压放大倍数：

$$A_V = -\beta R' / r_{be}$$

基本放大电路的制作与检测评分标准如表 2-8 所示。

表 2-8　基本放大电路的制作与检测评分标准

考核项目	考核要求	评价标准	配分	自评分	互评分	师评分	分评总分	总评
仪器仪表的使用	正确、规范使用万用表	万用表使用不正确，扣 20 分	20					
电路调试及测试	能正确测试及判断晶体管的工作状态，会调试电路静态工作点	1. 不会测试基极电位、集电极电位，扣 15 分　2. 不会调试电路不同工作状态和静态工作点，扣 35 分	50					
课堂活动的参与度	积极参与课堂组织的讨论、思考、操作和回答提问	1. 不积极思考或没参加小组讨论、没回答提问，视情况扣 5 ~ 10 分　2. 不参加小组操作，扣 10 分	20					
安全文明实训	遵守实训室管理要求，保持实训环境整洁	1. 违反管理要求，视情况扣 5 ~ 10 分　2. 未保持环境整洁和清洁，扣 5 分	10					

注：分评总分 = 自评分 ×20% + 互评分 ×30% + 师评分 ×50%。

知识拓展

一、波形失真与静态工作点的关系

放大电路的静态工作点设置是否合适，是放大电路能否正常工作的重要条件。波形失真有饱和失真和截止失真。

产生饱和失真的原因是因为静态工作点偏高，即 I_{BQ} 偏高。此时，输入信号有一部分进入晶体管的饱和区，集电极电流进入饱和区的部分被削平，从而导致输出波形负半周被部分削平。产生截止失真的原因是因为静态工作点偏低，即 I_{BQ} 偏低。此时，输入信号有一部分进入晶体管的截止区，集电极电流进入截止区的部分被削平，从而导致输出波形正半周被部分削平。消除失真的方法：

1）消除饱和失真的方法是增大 R_b，以减小 I_{BQ}，使工作点适当下移。

2）消除截止失真的方法是减小 R_b，以增大 I_{BQ}，使工作点适当上移。

为使输出信号电压最大且不失真，必须使静态工作点在晶体管线性区域内变化，要使静态工作点有较大的动态范围，通常将静态工作点设置在晶体管输出特性曲线的中间附近。

二、射极输出器（共集电极放大电路）

射极输出器电路结构如图 2-10a 所示。射极输出器电路特点：

1）输出电压与输入电压同相且略小于输入电压。

2）输入电阻大。

3）输出电阻小。

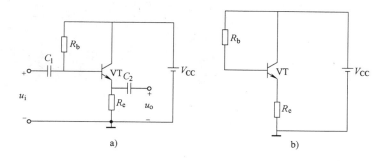

图 2-10　射极输出器电路

a）电路结构　b）直流通路

射极输出器静态工作点的计算：

$$I_{EQ} = (1 + \beta) I_{BQ}$$

射极输出器电压放大倍数：

$$A_V \approx 1$$

射极输出器输入电阻：

$$r_i = R_b // (r_{bc} + R_e)$$

射极输出器输出电阻：

$$r_o = R_e // R_L (R_L \text{ 为负载电阻})$$

任务三　扩音器电路的制作与调试

任务目标

知识目标

1）了解功率放大器的特点、作用和分类。

2）了解 OTL 和 OCL 电路的特点、工作原理及其实用电路。

技能目标

1）能查找交越失真产生的原因，并正确解决。

2）能制作与调试扩音器电路。

素质目标

1）养成学生独立思考和动手操作的习惯。

2）培养学生互相帮助、互相学习的精神。

任务描述

在电子系统中，模拟信号被放大以后，往往要去推动一个实际的负载，如扬声器发声、继电器动作、仪表指针偏转、数据或图像显示等，推动一个实际的负载需要的功率较大。能输出较大功率的放大电路称为功率放大器。本次任务就是通过制作与调试扩音器电路学习功率放大器基本知识。扩音器电路元器件布置图如图 2-11 所示。

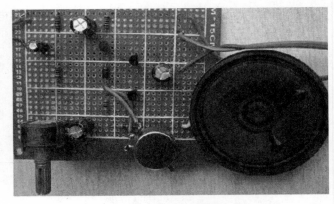

图 2-11 扩音器电路元器件布置图

任务实施

一、工具及材料准备

1）稳压电源、低频信号发生器、万用表、双踪示波器。

2）扩音器电路的元器件明细表如表 2-9 所示。

表 2-9 扩音器电路的元器件明细表

序号	名　　称	规格	数量
1	电阻器 R_1	5.1kΩ	1
2	电阻器 R_2	200Ω	1
3	电阻器 R_3	2.2kΩ	1
4	电阻器 R_4	4.7kΩ	1
5	电阻器 R_5	470Ω	1
6	电阻器 R_6	10Ω	1
7	微调电位器 RP_1	100kΩ	1
8	微调电位器 RP_2	4.7kΩ	1
9	电解电容器 C_1	10μF/16V	1
10	涤纶电容器 C_2	200pF	1
11	电解电容器 C_3、C_4	100μF/16V	2
12	电解电容器 C_5	470μF/16V	1
13	涤纶电容器 C_6	100nF	1
14	晶体管 VT_1	9014	1
15	晶体管 VT_2	9013	1
16	晶体管 VT_3	9012	1

（续）

序号	名　称	规格	数量
17	二极管 VD_1	IN4148	1
18	二极管 VD_2	IN4148	1
19	扬声器 BL	5W/8Ω	1
20	万用板		1

二、电路制作与调试

1. 元器件检测

（1）电阻器　用万用表相应挡位测量选用的电阻，确认其阻值的大小，并检测其质量的好坏。

（2）电位器　用万用表相应挡位测量其标称值，并检测其质量的好坏。

（3）电容器　确认电解电容的极性，用 R×1k 挡，判别是否漏电或性能好坏。

（4）二极管　主要判断其正、负极并检测质量好坏。

（5）晶体管　识别其类型与管脚的排列，并用万用表检测其质量的好坏。

（6）扬声器　识别其正、负极并检测质量好坏。

2. 绘制装接图

按扩音器电路原理图设计、绘制装接图。要求按电路原理图的连线关系布线，元器件布线要均匀，结构要紧凑，连接导线要平、直，导线不能相互交叉，确需交叉的导线应在元器件体下穿过。

3. 引脚加工成型

按工艺要求对元器件引脚进行成型加工。

4. 电路制作

按照装接图进行电路制作。工艺要求是：电阻器采用水平安装方式，电阻体紧贴万用板，色环电阻器的色环标志顺序方向一致；电容器采用垂直安装方式，注意正、负极性；晶体管采用垂直安装方式，注意引脚极性；微调电位器紧贴万用板安装，不能歪斜；布线要正确，焊接要可靠，表面要光亮，无漏焊、假焊、虚焊和短路现象。

5. 电路调试

电路制作完成后进行自检，正确无误后才能接入电源进行调试。

（1）静态调试　先将电位器 RP_1 置中间位置，电位器 RP_2 置最小位置，输入端短路。然后接通直流电源（12V），将万用表（50mA 挡）串接于 VT_2 集电极，调节 RP_2 使电流为 8mA。用万用表（10V 挡）测中点电压（VT_2、VT_3 发射极对地电压），调节 RP_1 使中点电压为 6V。

（2）动态调试　用镊子触碰电容器 C_1 的负极，听扬声器声音，或用音频信号送入放大器，试听扬声器发出的声音。若无声则检查扬声器是否损坏；若扬声器有"喀啦"声，检查其他相关电路。若输出波形失真，首先检测 VT_2、VT_3 电流及中间电压，分别调整 RP_1、RP_2，若中间电压仍低，原因可能是 VT_2 或 VT_3 的 C、E 极漏电，或 VT_2 损坏，或 R_3、R_4 变大；若中间电压仍高，原因可能是 VT_2、VT_3、VD_1、VD_2 损坏，或 RP_1、RP_2、R_2 变大。

三、电路测试

1. 电压测试

测量晶体管 VT_1、VT_2、VT_3 三个电极的对地电压，并将测量结果填入表2-10。

2. 波形测试

1）将低频信号发生器"频率"设置为1kHz，输入信号电压为10mV，用示波器观察输入、输出波形（1~3个周期）。

表 2-10　扩音器电路关键点测试

晶体管	U_B/V	U_E/V	U_C/V
VT_1			
VT_2			
VT_3			

2）逐渐增大输入信号电压，调节电路使输出波形最大且不失真，测量输入、输出的电压值，计算电压放大倍数。

3）短接 VD_1 和 VD_2 的基极，观察输出波形的交越失真现象。

🔘 知识链接

一、功率放大器的基本要求和种类

1. 功率放大器的基本要求

1）具有足够大的输出功率。功率放大器提供给负载的信号功率称为输出功率。为了获得足够大的输出功率，要求晶体管工作在接近极限应用状态，即晶体管集电极电流接近集电极最大允许电流 I_{CM}，耗散功率接近集电极最大允许耗散功率 P_{CM}。

2）电路转换效率高。电路转换效率是指功率放大器的最大输出功率与直流电源所提供的功率之比。电源提供的功率等于电源输出电流平均值与电压之积，因此，在一定的输出功率下，减小直流电源的功耗，就可以提高电路转换效率。

3）非线性失真小。由于功率放大电路中晶体管工作在放大信号状态，电压和电流的变化幅度大，容易产生非线性失真，必须采取相应的措施减小失真。

4）晶体管良好的散热与保护。

2. 功率放大器的种类

根据电路中晶体管静态工作点的位置不同，功率放大器可分为甲类、乙类和甲乙类三种。

（1）甲类功率放大器　甲类功率放大器就是给晶体管加入合适的静态偏置电流，一般设在放大区的中间，以便信号的正、负半周有相同的线性范围。此电路的优点是在输入信号的整个周期内晶体管都处在导通状态，输出信号失真较小。

（2）乙类功率放大器　乙类功率放大器就是不给晶体管加静态偏置电流，则晶体管对直流电源无消耗，虽然能量转换效率高，但非线性失真大。

（3）甲乙类功率放大器　甲乙类功率放大器就是给晶体管加入很小的静态偏置电流，

使晶体管处于微导通状态，从而可以有效克服乙类失真问题，且能量转换效率也较高，也有输出功率大和省电的优点，而且也便于集成化。

二、互补对称功率放大电路

1. OCL 电路（双电源乙类互补对称功率放大电路）

双电源乙类互补对称功率放大电路简称 OCL 电路，如图 2-12 所示。实用 OCL 电路如图 2-13 所示。

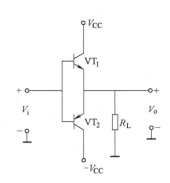

图 2-12　OCL 电路

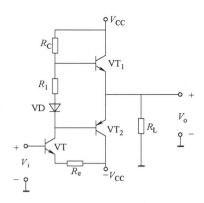

图 2-13　实用 OCL 电路

2. OTL 电路（单电源互补对称功率放大电路）

甲乙类 OTL 电路如图 2-14 所示。电阻 R_1、R_2 和二极管 VD_1、VD_2 构成偏置电路，供给晶体管 VT_1、VT_2 一定的偏置电压，确保两晶体管静态时处于微导通状态。

当输入信号 u_i 处于正半周时，由于 VD_1 供给的偏压，使得晶体管 VT_1 可以在输入信号一过零点就导通，VT_2 截止，电源 V_{CC} 通过 VT_1 向负载 R_L 供电，同时还向电容 C_2 充电；当输入信号处于负半周时，VT_1 截止，VT_2 在输入信号过零点后立刻导通，此时电容 C_2 上的电压通过 VT_2 和负载 R_L 放电。VT_1 和 VT_2 交替导通，负载 R_L 获得正负半周完整的无失真的输出信号波形，实现信号的功率放大。

三、扩音器电路

扩音器电路如图 2-15 所示，主要由电压放大电路、功率放大电路和负载组成。

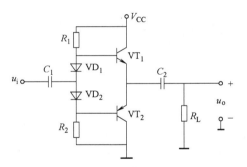

图 2-14　甲乙类 OTL 电路

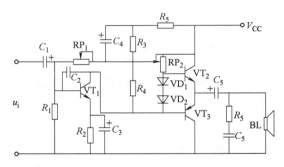

图 2-15　扩音器电路

扩音器电路的制作与调试评分标准如表 2-11 所示。

表 2-11　扩音器电路的制作与调试评分标准

考核项目	考核要求	评价标准	配分	自评分	互评分	师评分	分评总分	总评
仪器仪表使用	正确、规范使用万用表和示波器	1. 不能正确使用万用表,每次扣 2 分 2. 不能正确使用示波器,扣 2 分	10					
电路安装	电路安装符合工艺要求	1. 电路安装正确、完整,每处不符合扣 10 分 2. 元器件安装符合工艺要求,每处不符合扣 5 分 3. 焊接符合工艺要求,每处不符扣 2 分 4. 元器件完好无损,损坏元器件每只扣 2 分	40					
电路测试和观测波形	正确测试关键点电压和电流,会使用示波器观测输入、输出波形	1. 不会测关键点电压和电流,每处扣 3 分 2. 不会使用示波器观测波形,扣 10 分	20					
课堂活动的参与度	积极参与课堂组织的讨论、思考、操作和回答提问	1. 不积极思考或没参加小组讨论、没回答提问,视情况扣 5 ~ 10 分 2. 不参加小组操作,扣 10 分	20					
安全文明实训	遵守实训室管理要求,保持实训环境整洁	1. 违反管理要求,视情况扣 5 分 2. 未保持环境整洁和清洁,扣 5 分	10					

　　注:分评总分 = 自评分 ×20% + 互评分 ×30% + 师评分 ×50%。

知识拓展

枕边方便灯

1. 电路图

枕边方便灯电路如图 2-16 所示。

2. 工作原理

平时 SB 断开,VT_1 和 VT_2 都处于截止状态,照明灯 EL 不发光。当按一下 SB 时,电源经 R_1 到 VT_1 基极,VT_1 和 VT_2 迅速饱和导通,EL 发光。SB 闭合瞬间,C_1 充电,即使 SB 松开,因 C_1 向 VT_1 的发射结放电,VT_1、VT_2 继续维持导通状态,EL 仍能继续发光,

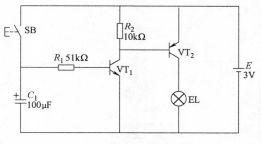

图 2-16　枕边方便灯电路

十余秒后，C_1 放电结束，VT_1 和 VT_2 就由导通状态恢复为截止状态，EL 就停止发光。

EL 发光时间的长短主要取决于 R_1、C_1 的放电时间常数，不过 VT_1、VT_2 的放大倍数对发光时间长短也有影响。EL 发光时间的长短一般是通过改变 C_1 的容量来调节。

思考与练习

一、填空题

1. 晶体管工作在饱和区时发射结_____偏，集电结_____偏。

2. 当 NPN 型晶体管的_____正向偏置，_____反向偏置时，晶体管具有放大作用，即_____极电流能控制_____极电流。

3. 晶体管是_____控制器件。

4. 放大电路中，测得晶体管三个电极电位为①6.5V，②7.2V，③15V，则该管是_____类型晶体管，其中_____极为集电极。

5. 若在晶体管发射结加上反向偏置电压，集电结上也加上反向偏置电压，则这个晶体管处于_____状态。

6. 晶体管的特性曲线主要有_____曲线和_____曲线两种。

7. 为了保证不失真放大，放大电路必须设置静态工作点。对 NPN 型晶体管组成的基本共射放大电路，如果静态工作点太低，将会产生_____失真，应调 R_B，使其_____，则 I_B_____，这样可克服失真。

8. 共射放大电路电压放大倍数是_____与_____的比值。

9. 某晶体管三个电极电位分别为 $V_E = 1.0V$，$V_B = 1.7V$，$V_C = 1.2V$。可判定该晶体管是工作于_____区的_____型的晶体管。

10. 已知一放大电路中某晶体管的三个管脚电位分别为①3.5V，②2.8 V，③5V，试判断：

1）①脚是_____，②脚是_____，③脚是_____（E、B、C）。

2）管型是_____（NPN、PNP）。

3）材料是_____（硅、锗）。

二、选择题

1. 由下列晶体管各个极的电位，可知处于放大状态的晶体管是（　　）。

A. $V_C = 0.3V$，$V_E = 0V$，$V_B = 0.7V$　　　　B. $V_C = -4V$，$V_E = -7.4V$，$V_B = -6.7V$

C. $V_C = 6V$，$V_E = 0V$，$V_B = -3V$　　　　D. $V_C = 2V$，$V_E = 2V$，$V_B = 2.7V$

2. 如果晶体管工作在截止区，则两个 PN 结状态（　　　）。

A. 均为正偏　　　　　　　　　　　　　　B. 均为反偏

C. 发射结正偏，集电结反偏　　　　　　　D. 发射结反偏，集电结正偏

3. 用万用表测得 PNP 型晶体管三个电极的电位分别是 $V_C = 6V$，$V_B = 0.7V$，$V_E = 1V$，则晶体管工作的状态是（　　）。

A. 放大　　　　　　B. 截止　　　　　　C. 饱和　　　　　　D. 损坏

4. 工作在放大区的某晶体管，如果当 I_B 从 12μA 增大到 22μA 时，I_C 从 1mA 变为 2mA，那么它的 β 约为 （　　　）。

  A. 83   B. 91   C. 100   D. 200

5. 工作于放大状态的 PNP 型晶体管，各电极必须满足 （　　　）。

  A. $U_C > U_B > U_E$ B. $U_C < U_B < U_E$

  C. $U_B > U_C > U_E$ D. $U_C > U_E > U_B$

6. 下列数据使 NPN 型晶体管处于放大状态的是 （　　　）。

  A. $V_{BE} > 0$，$V_{BE} < V_{CE}$ 时   B. $V_{BE} < 0$，$V_{BE} < V_{CE}$ 时

  C. $V_{BE} > 0$，$V_{BE} > V_{CE}$ 时   D. $V_{BE} < 0$，$V_{BE} > V_{CE}$ 时

7. NPN 型和 PNP 型晶体管的区别是 （　　　）。

  A. 由两种不同的材料硅和锗制成的   B. 掺入的杂质元素不同

  C. P 区和 N 区的位置不同   D. 管脚排列方式不同

8. 为了使晶体管可靠地截止，电路必须满足 （　　　）。

  A. 发射结正偏，集电结反偏   B. 发射结反偏，集电结正偏

  C. 发射结和集电结都正偏   D. 发射结和集电结都反偏

9. 检查放大电路中的晶体管在静态的工作状态，最简便的方法是测量 （　　　）。

  A. I_{BQ} B. U_{BE} C. I_{CQ} D. U_{CEQ}

10. 某单管共射放大电路在处于放大状态时，三个电极 A、B、C 对地的电位分别是 $U_A = 2.3V$，$U_B = 3V$，$U_C = 0V$，则此晶体管一定是 （　　　）。

  A. PNP 硅管   B. NPN 硅管   C. PNP 锗管   D. NPN 锗管

11. 分析图 2-17，判断该晶体管工作在 （　　　）。

  A. 放大区   B. 饱和区

  C. 截止区   D. 无法确定

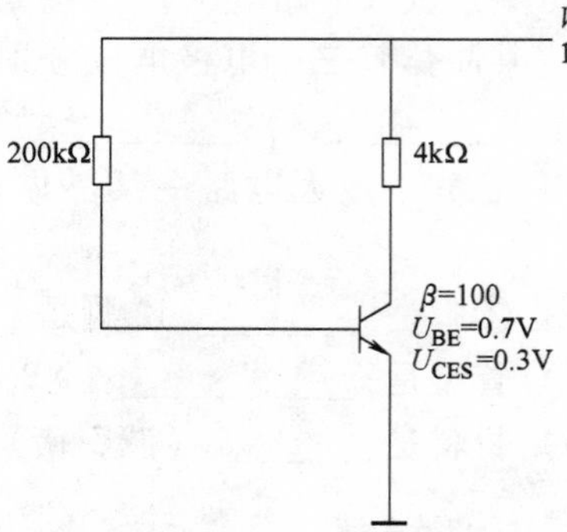

12. 某晶体管的发射极电流为 1mA，基极电流为 20μA，则它的集电极电流等于 （　　　）。

  A. 0.98mA   B. 1.02mA

  C. 0.8mA   D. 1.2mA

图 2-17 晶体管工作状态

三、简答题

1. 晶体管在放大电路中有哪几种工作状态？条件分别是什么？

2. 基本放大电路由哪些元器件组成？各元器件在电路中起什么作用？

3. 放大电路中，设置合适的静态工作点的意义是什么？

4. 用万用表测得放大电路中某个晶体管两个电极的电流值如图 2-18 所示。

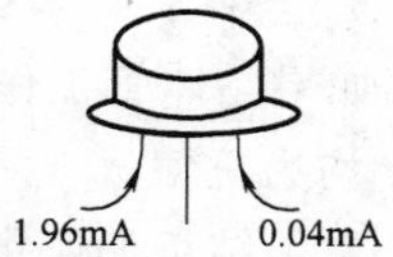

  1）求另一个电极的电流大小，并在图上标出实际方向。

  2）判断是 PNP 型还是 NPN 型晶体管？

  3）在图上标出 E、B、C 极。

图 2-18 晶体管电极电流测量

5. 在电路中测得各晶体管的 3 个电极对地的电位如图 2-19 所示，试判断各晶体管处于

什么工作状态？（假设 NPN 型均为硅管，PNP 型均为锗管）

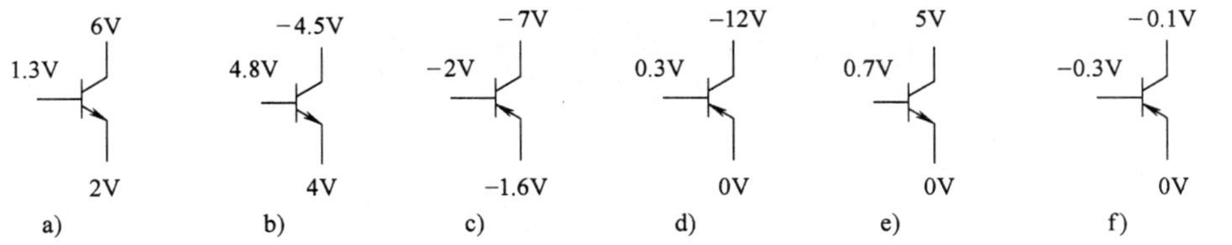

图 2-19 晶体管管脚电位

项目三 调幅式收音机

收音机是常见的电子产品之一。收音机是如何接收到声音的？遇到收音机无法工作了，我们怎样去维修呢？本项目就是通过装配、调试与维修 HX108—2 型半导体 7 管收音机来学习调幅式收音机工作原理。

任务一 收音机元器件的识别与检测

任务目标

知识目标

了解常用电子元器件的型号和命名方法。

技能目标

能检测电阻器、电容器、二极管、晶体管、电位器、中周和输入、输出变压器的性能。

素质目标

1）使学生养成独立思考和动手操作的习惯。

2）培养学生整理、归类、妥善保管的习惯。

3）培养学生互相帮助、互相学习的精神。

任务描述

了解 HX108—2 型半导体 7 管收音机需要的基本电子元器件。根据技术指标测试各元器件的主要参数。如图 3-1 所示为 HX108—2 型半导体 7 管收音机板面图。

图 3-1　HX108—2 型半导体 7 管收音机板面图

任务实施

一、工具及材料准备

1）万用表。

2）收音机主要元器件明细表如表 3-1 所示。

表 3-1 收音机主要元器件明细表

序号	材料名称	型号、规格	数量	序号	材料名称	型号、规格	数量
1	电阻器	51Ω	1	15	电位器	5kΩ	1
2		100Ω	1	16	中周	红、黄、黑、白	4
3		150Ω	1	17	磁棒	4mm×10mm×40mm	1
4		220Ω	1	18	磁棒天线	100mm×32mm	1
5		680Ω	1	19	滤波器		1
6		1kΩ	2	20	连线	红、黑	2
7		2kΩ	1	21	连线	黄	2
8		20kΩ	1	22	双联开关电容	CBM223P	1
9		24kΩ	1	23	二极管	1N4148	3
10		51kΩ	1	24	晶体管	9013	2
11		62kΩ	1	25		9014	1
12		100kΩ	1	26		9018	4
13	瓷片电容	1000pF	1	27	电解电容	4.7μF	2
14		0.022μF	9	28		100μF	2

二、收音机主要元器件的清查和整理

按表 3-1 清查组装元器件的数量和外观是否完整。除了表 3-1 所列元器件外，本任务还需要塑料件、五金件、螺钉、扬声器及其他附件。记清各类元器件的名称和外形，归类存放。

三、元器件检测

（1）色环电阻 用万用表相应挡位测量选用的电阻，确认阻值的大小，分类存放。

（2）电位器 用万用表相应挡位测量其标称值，并检测其质量的好坏。

（3）电容器 确认电解电容的极性，用 R×1k 挡，判别是否漏电或性能好坏。

（4）二极管 主要判断其正、负极并检测质量好坏。

（5）晶体管 识别其类型与管脚的排列，并用万用表检测其质量的好坏。

（6）中周 用万用表 R×1 挡检测各线圈的阻值，判断内部线圈是否短接或断开。注意：一次侧、二次侧的电阻为无穷大。

（7）输入、输出变压器 用万用表 R×1 挡检测变压器一次、二次线圈的电阻值，正确判断变压器是否正常。

任务评价

收音机元器件的识别与检测评分标准见表 3-2。

表 3-2　收音机元器件的识别与检测评分标准

考核项目	考核要求	评价标准	配分	自评分	互评分	师评分	分评总分	总评
元器件整理	元器件存放规范	1. 没有规范放置元器件,扣5～15分 2. 丢失元器件,每件扣5分	15					
仪器仪表使用	正确、规范使用万用表	万用表使用不正确,包括功能、挡位选择、读数,每次扣3分	15					
元器件测试及判别	对照元器件清单正确测试各元器件的参数并能判别其性能	1. 元器件测试方法不正确,每次扣3分 2. 测试元器件数据不正确,每次扣2分	45					
课堂活动的参与度	积极参与课堂组织的讨论、思考、操作和回答提问	1. 不积极思考或没参加小组讨论、没回答提问,视情况扣5～10分 2. 不动手操作,扣15分	15					
安全文明实训	遵守实训室管理要求,保持实训环境整洁	1. 违反管理要求,视情况扣2～10分 2. 未保持环境整洁和清洁,扣3分	10					

注:分评总分 = 自评分 ×20% + 互评分 ×30% + 师评分 ×50%。

任务二　半导体收音机整机装接

任务目标

知识目标

1）了解 HX108—2 型半导体 7 管收音机的基本组成及工作原理。

2）了解电子电路对信号进行处理的基本原理。

技能目标

1）能识读电路图。

2）能熟练掌握电子元器件的装接工艺。

素质目标

1）使学生养成独立思考和动手操作的习惯。

2）培养学生耐心细致、一丝不苟的工作作风。

3）培养学生互相帮助、互相学习的精神。

任务描述

收音机电路是基本放大电路、功率放大电路应用的常见电路之一。本任务是在一些应用电路的认识、制作和检修的基础上,了解 HX108—2 型半导体 7 管收音机的基本组成及工作原理，掌握电子产品的电路图的识读方法和装接工艺。

任务实施

一、工具及材料准备

1）万用表

2）HX108—2 型半导体 7 管收音机套件。

3）电烙铁、松香、焊锡、镊子、尖嘴钳、剥线钳等常用电子电路组装工具。

二、元器件焊接

1. 元器件焊接

各种元器件在焊接前引脚要按工艺要求成型。焊接顺序为：

1）电阻器、二极管。

2）圆片电容。

3）晶体管。

4）中周，输入、输出变压器。

5）电解电容。

6）双联天线线圈。

7）电池夹引线、扬声器引线。

2. 插件焊接

1）按照装接图正确插入元器件，其高低、极向应符合图样规定。

2）焊点要光滑，大小最好不要超出焊盘，不能有虚焊、搭焊、漏焊。

3）注意二极管、晶体管的极性。

4）输入（绿、蓝色）、输出（黄色）变压器不能调换位置。

5）红中周 B$_2$ 插件外壳应弯脚焊牢，否则会造成卡调谐盘。

6）中周外壳均应焊牢，特别是 B$_3$ 黄中周外壳一定要焊牢。

三、机械安装

1）正确安装扬声器、电池夹。

2）拨盘安装。

3）天线线圈架安装。

知识链接

一、HX108—2 型半导体 7 管收音机的组成

1. 工作方框图和电路图

HX108—2 型半导体 7 管收音机工作方框图如图 3-2 所示，电路图如图 3-3 所示。

2. 工作原理

当调幅信号感应到 B$_1$ 及 C$_1$ 组成的天线调谐回路后，选出我们所需的电信号 f_1 进入 VT$_1$

（9018H）晶体管基极；本振信号调谐再高出 f_1 频率一个中频的 f_2（f_1 + 465 kHz），例：f_1 =

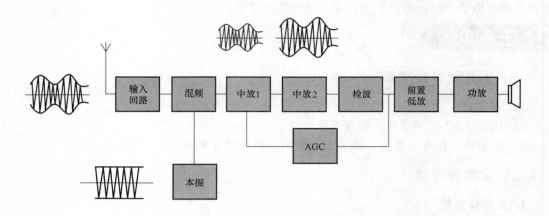

图 3-2　HX108—2 型半导体 7 管收音机工作方框图

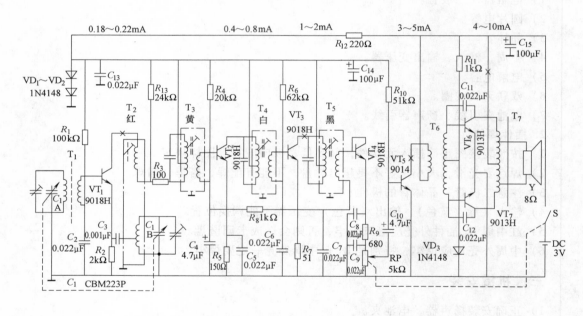

图 3-3　HX108—2 型半导体 7 管收音机电路图

700kHz 则 $f_2 = (700 + 465)\,\text{kHz} = 1165\,\text{kHz}$ 进入 VT_1 发射极，由 VT_1 进行变频，通过 B_3 选取出 465kHz 中频信号经 VT_2 和 VT_3 二级中频放大，进入 VT_4 检波管，检出音频信号经 VT_5（9014）低频放大和由 VT_6、VT_7 组成功率放大器进行功率放大，推动扬声器发声。图中 VD_1、VD_2（1N4148）组成 1.3V ± 0.1V 稳压，固定变频、一中放、二中放、低放的基极电压，稳定各级工作电流，以保持灵敏度。R_1、R_4、R_6、R_{10} 分别为 VT_1、VT_2、VT_3、VT_5 的工作点调整电阻，R_{11} 为 VT_6、VT_7 功率放大器的工作点调整电阻，R_8 为中放的 AGC 电阻，B_3、B_4、B_5 为中周（内置谐振电容），既是放大器的交流负载又是中频选频器，该收音机的灵敏度、选择性等指标靠中频放大器保证。B_6、B_7 为音频变压器，起交流负载及阻抗匹配的作用。

二、焊接

装配工作中，焊接技术很重要。收音机元器件的安装，主要利用锡焊来完成，它不但能固定零件，而且能保证可靠的电流通路。焊接质量的好坏，将直接影响收音机质量。

1）电烙铁是焊接的主要工具之一，焊接收音机应选用 30～35W 的电烙铁。新的电烙铁使用前应用锉刀把烙铁头两边修成如图 3-4 所示形状。并将烙铁头部倒角磨光，以防焊接时毛刺将印制电路板焊盘损坏。如采用长命烙铁头则无须加工。烙铁头上沾附一层光亮的锡，电烙铁就可以使用了。

普通烙铁头

长命烙铁头

修改后

图 3-4 烙铁头外形图

2）烙铁头温度和焊接时间要适当，焊接时应让烙铁头加热到温度高于焊锡熔点，并掌握正确的焊接时间。一般不超过 3s。时间过长会使印制电路板铜箔翘起，损坏电路板及电子元器件。

3）焊接方法如图 3-5a 所示。一般采用直径 1.2～1.5mm 的焊锡丝。焊接时左手拿锡丝，右手拿电烙铁。在电烙铁接触焊点的同时送上焊锡，焊锡的量要适量，太多易引起搭焊短路，太少元器件又不牢固，如图 3-5b 所示。

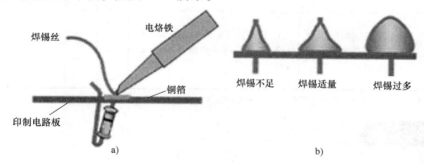

焊锡丝

电烙铁

铜箔

印制电路板

焊锡不足 焊锡适量 焊锡过多

a) b)

图 3-5 焊接图

a）焊接方法 b）焊锡量

焊接时不可将烙铁头在焊点上来回移动或用力下压，要想焊得快，应加大烙铁头和焊点的接触面，增大传热面积。

特别需要注意的是温度过低、烙铁头与焊接点接触时间太短、热量供应不足，会造成焊点锡面不光滑，结晶粗脆，像豆腐渣一样，那就不牢固，会形成虚焊和假焊。反之焊锡易流散，使焊点锡量不足，也容易不牢，还可能出现烫坏电子元器件及印制电路板。总之焊锡量要适中，既将焊点元器件脚全部浸没，其轮廓又隐约可见。焊点焊好后，拿开电烙铁，焊锡还不会立即凝固，应稍停片刻等焊锡凝固，如未凝固前移动焊接件，焊锡会凝成砂状，造成附着不牢固而引起假焊。

焊接结束后，首先检查一下有没有漏焊、搭焊及虚焊等现象。虚焊是比较难以发现的问题。造成虚焊的因素很多，检查时可用尖嘴钳或镊子将每个元器件轻轻地拉一下，看看是否摇动，发现摇动应重新焊接。

任务评价

半导体收音机整机装接评分标准如表 3-3 所示。

表 3-3　半导体收音机整机装接评分标准

考核项目	考核要求	评价标准	配分	自评分	互评分	师评分	分评总分	总评
元器件焊接	按焊接工艺要求正确、合理焊接	1. 元器件管脚按要求成型，一处没做，扣 3 分 2. 焊面光滑、焊锡适量，一处不符合，扣 3 分 3. 正确连线，一处错误，扣 3 分	45					
元器件安装	按工艺要求进行安装	1. 安装位置正确，错一处扣 3 分 2. 元器件安装符合工艺要求，一处不符扣 3 分 3. 元器件完好无损，损坏元器件每只扣 5 分	35					
课堂活动的参与度	积极参与课堂组织的讨论、思考、操作和回答提问	1. 不积极思考或没参加小组讨论、没回答提问，视情况扣 2 ~ 5 分 2. 不参加动手操作，扣 10 分	10					
安全文明实训	遵守实训室管理要求，保持实训环境整洁	1. 违反管理要求，视情况扣 5 分 2. 未保持环境整洁和清洁，扣 5 分	10					

注：分评总分 = 自评分 ×20% + 互评分 ×30% + 师评分 ×50%。

集成功率放大器

随着集成电路技术的不断发展，集成功率放大器产品越来越多，由于集成功率放大器具有输出功率大、频率特性好、非线性失真小、外围元器件少、成本低、使用方便等特点，因而广泛应用于收音机、录音机及直流伺服系统中。

LM386 是音频功率放大器，属于 OTL 功率放大器。它的输入端以地为参考点，同时输出端被自动偏置到电源电压的 1/2，在 6V 电源电压的作用下，使得 LM386 特别适用于电池供电的场合。LM386 为 8 脚双列直插塑料封装结构，其引脚排列如图 3-6 所示。如图 3-7 所示为 LM386 的典型应用电路。输入信号 u_i 由同相输入端输入；引脚 1、8 端外接 C_1 和 R_1，用来调节电路的电压增益；R_2 和 C_3 并联在负载两端，主要用于改善频率响应、防止电路自激；C_2 为旁路电容，C_5 为输出耦合电容；C_4 为去耦电容，用以滤除电源中的高频交流成分；调节 RP 可改变扬声器的音量。

图 3-6　LM386 引脚排列

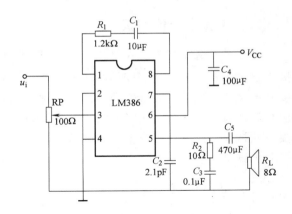

图 3-7　LM386 的典型应用电路

任务三　半导体收音机电路调试与检修

任务目标

知识目标

1）了解电子产品电路电压、电流关键测试点的选取。

2）了解电子产品整装统调的基本原理。

技能目标

1）会测试点的电压、电流测试的方法。

2）会电子产品整装的调试方法。

3）会收音机电路故障分析方法和技巧。

素质目标

1）使学生养成独立思考和动手操作的习惯。

2）培养学生耐心细致，一丝不苟的工作作风。

3）培养学生互相帮助、互相学习的精神。

任务描述

在电子产品装配后，要对电路根据产品指标要求进行调试和检修。本任务就是对半导体收音机电路进行测试，根据测试结果判断及分析电路工作状态而进行进一步的调试和检修。

任务实施

一、工具及材料准备

稳压电源（3V/200mA，或 2 节 5 号电池）、XFG—7 高频信号发生器、示波器、毫伏表GB—9（或同类仪器）、圆环天线（调 AM 用）、无感应螺钉旋具。

二、工作电流的测试

用万用表毫安挡测试 A 测试口（B_7 副线圈中心抽头电流），电流在正常范围内后，连接 A 测试口；用万用表毫安挡测试 B 测试口（VT_5 集电极电流），电流在正常范围内后，连接 B 测试口；用万用表毫安挡测试 C 测试口（VT_3 集电极电流），电流在正常范围内后，连接 C 测试口；用万用表毫安挡测试 D 测试口（VT_2 集电极电流），电流在正常范围内后，连接 C 测试口；用万用表毫安挡测试 E 测试口（VT_1 集电极电流），电流在正常范围内后，连接 E 测试口。

三、电路调试

按收音机调试原理和步骤进行中频调试和统调。

四、电路检修

在安装正确、元器件无差错、无缺焊、无错焊、无搭焊的情况下，对收音机电路出现的以下故障进行检修。

1. 检查顺序

一般由后级向前检测，先检查功放级、低放级，再看中放和变频级。

2. 检修方法

（1）整机静态总电流测量　整机静态总电流小于等于 25mA。无信号时若大于 25mA，则该机出现短路或局部短路；无电流则电源没接上。

（2）工作电压测量　总电压为 3V，正常情况下，VD_1、VD_2 的电压为 $1.3V \pm 0.1V$，此电压大于 1.4V 或小于 1.2V 时，此机不能正常工作。大于 1.4V 时二极管 1N4148 可能极性接反或已坏，需检查二极管。小于 1.3V 或无电压时应检查：①电源 3V 有无接上；②R_{12} 是否接对或接好；③中周（特别是白中周和黄中周）一次侧与其外壳短路。

（3）功放级电流大于 20mA　检查点：①二极管 VD_4 坏，或极性接反，管脚未焊好；②R_{11} 装错了，用了小电阻。（远小于 $1k\Omega$ 的电阻）。

（4）功放级无电流（VT_6、VT_7）　检查点：①输入变压器二次侧不通；②输出变压器不通；③VT_6、VT_7 损坏或接错管脚；④R_{11} 未接好。

（5）低放级无工作电流　检查点：①输入变压器（蓝）一次侧开路；②VT_5 损坏或接错管脚；③R_{10} 未接好。

（6）低放级电流大于 6mA　检查点：R_{10} 装错，或电阻太小。

（7）二中放无工作电流　检查点：①黑中周一次侧开路；②黄中周二次侧开路；③晶体管损坏或管脚接错；④R_7 未接上；⑤R_6 未接上。

（8）二中放电流大于 2mA　检查点：R_6 接错，或阻值远小于 $62k\Omega$。

（9）一中放无工作电流　检查点：①VT_2 损坏或管脚插错（E、B、C 脚）；②R_4 未接好；③黄中周二次侧开路；④C_4 短路；⑤R_5 开路或虚焊。

（10）一中放工作电流为 $1.5 \sim 2mA$（标准是 $0.4 \sim 0.8mA$）　检查点：①R_8 未接好或连接 $1k\Omega$ 的铜箔有断裂现象；②C_5 短路或 R_5 错接成 51Ω；③电位器损坏，测量不出阻值，R_9 未接好；④检波管 VT_4 已坏或管脚插错。

（11）变频级无工作电流　检查点：①无线线圈二次侧未接好；②VT_1已坏或未按要求接好；③本振线圈（红）二次侧不通，R_3虚焊或错焊接了大阻值电阻；④电阻R_1和R_2接错或虚焊。

（12）整机无声　检查点：①检查电源有无加上；②检查VD_1、VD_2（1N4148；两端是否是$1.3 \pm 0.1V$）；③有无静态电流小于等于25mA；④检查各级电流是否正常，变频级电流应为$0.2 \pm 0.02mA$，一中放电流应为$0.6 \pm 0.2mA$，二中放电流应为$1.5 \pm 0.5mA$，低功放电流应为$3 \pm 1mA$，功放电流应为$4 \pm 10mA$（说明：15mA左右属正常）；⑤用万用表 R×1 挡测扬声器，应有8Ω左右的电阻，表棒接触扬声器引出接头时应有"喀喀"声，若无阻值或无"喀喀"声，说明扬声器已坏（说明：测量时应将扬声器焊下，不可连机测量）；⑥B_3黄中周外壳未焊好；⑦音量电位器未打开。

用 MF47 型万用表检查整机无声故障方法：用万用表 R×1 黑表笔接地，红表笔从后级往前寻找，对照原理图，从扬声器开始顺着信号传播方向逐级往前碰触，扬声器应发出"喀喀"声。当碰触到哪级无声时，则故障就在该级，可用测量工作点是否正常，并检查各元器件，有无接错、焊错、搭焊、虚焊等。若在整机上无法查出该元器件好坏，则可拆下检查。

知识链接

一、收音机电路测试

1. 电路连接

电路连接图如图 3-8 所示。

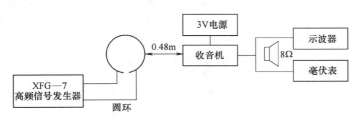

图 3-8　电路连接图

2. 工作电流测试

用万用表进行整机工作点、工作电流测量。各测试口电流参考值如表 3-4 所示。如果检查都满足要求，即可进行收台试听。

表 3-4　各测试口参考电流值

被测量	参考值	被测量	参考值
I_{c1}	$0.18 \sim 0.22mA$	I_{c5}	$2 \sim 5mA$
I_{c2}	$0.4 \sim 0.8mA$	I_{c6}	$4 \sim 10mA$
I_{c3}	$1 \sim 2mA$	I_{c7}	$4 \sim 10mA$

二、调试原理及步骤

1）在元器件装配焊接无误及机壳装配好后，将机器接通电源，应在 AM 能收到本地电台后即可进行调试工作。

2）中频调试，仪器连接见方框图、如图 3-8 所示。首先将双联电容旋到最低频率点，XFG-7 信号发生器置于 465kHz 频率处，输出场强为 10mV/m，调制频率 1000Hz，调幅度 30%，收到信号后，示波器有 1000Hz 波形，用无感应螺钉旋具依次调节黑-白-黄三个中周，且反复调节，使其输出最大，465kHz 中频即调好。

3）复盖调试时，将 XFG-7 置于 520kHz，输出场强为 5mV/m，调制频率 1000Hz，调制度 30%，双联微调电容调至到低端，用无感应螺钉旋具调节红中周（振荡线圈），收到信号后，再将双联微调电容旋到最高端，XFG-7 信号发生器置 1620kHz，调节双联微调电容 CA-2，收到信号后，再重复双联旋至低端，调红中周，高低端反复调整，直至低端频率 520kHz 高端频率为 1620kHz 为止。

4）统调时，将 XGF-7 置于 600kHz，输出场强为 5mV/m 左右，调节收音机调谐旋钮，收到 600kHz 信号后，调节中波磁棒线圈位置，使输出最大然后将 XFG-7 旋至 1400kHz，调节收音机，直至收到 1400kHz 信号后，调节双联微调电容 CA-1，使输出为最大，重复调节 600～1400kHz 统调点，直至二点均为最大为止。

5）在中频、复盖、统调结束后，机器即可收到高、中、低端电台，且频率与刻度基本相符。

任务评价

半导体收音机电路调试与检修评分标准如表 3-5 所示。

表 3-5　半导体收音机电路调试与检修评分标准

考核项目	考核要求	评价标准	配分	自评分	互评分	师评分	分评总分	总评
电路测试	正确测试各测试点的工作电流	正确测试各测试点的工作电流，错一处扣 3 分	20					
电路调试	按要求参数正确进行调试	1．根据要求调试中频，不会调扣 10 分 2．根据要求统调，不会调扣 10 分	20					
故障分析及排除	能根据不同故障分析、判断原因，能正确进行检修	1．不能判断故障，每次扣 5 分 2．不能正确进行故障分析，每次扣 5 分 3．不会正确拆换元器件，每次扣 5 分	50					
安全文明实训	遵守实训室管理要求，保持实训环境整洁	1．违反管理要求，视情况扣 5 分 2．未保持环境整洁和清洁，扣 5 分	10					

注：分评总分 = 自评分 ×20% + 互评分 ×30% + 师评分 ×50%。

电子产品整机装配

一、装配的基本内容

1. 电气装配

电气装配是指以印制电路板为主体的电子元器件装插和焊接。

2. 机械装配

机械装配是指以组成整机的钣金件或塑料件为支撑，通过零件紧固或其他方法进行的由内到外的结构性装配。

装配工作通常是机械性的重复工作，但它又涉及元器件识别技术、安装技术、焊接技术、检验技术等多种技术。

二、电子产品整机装配的工艺

1. 整机装配的工艺

电子产品整机装配工艺内容如图3-9所示。

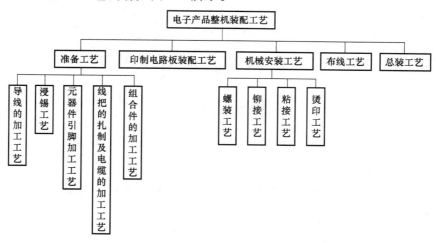

图3-9 电子产品整机装配工艺内容

2. 装配的准备工艺

1）绝缘导线端头的加工。

2）元器件引线的加工。

3）元器件引线的浸锡。

4）印制电路板的处理。

3. 印制电路板的装配工艺

印制电路板的装配是整机质量的关键，装配质量的好坏对整机的性能有很大的影响。这就要求：元器件装插正确，不能有错插、漏插；焊点要光滑，无虚焊、假焊和连焊。做到每个元器件的安装通过复测元器件→引线清洁、上锡、成型→插装→焊接→修剪引脚→整形来完成。

4. 总装工艺

此处以收音机为例讲解总装工艺。收音机主要零配件有印制电路板、调谐拨轮组件、电位器拨轮、扬声器、电池正负极引线或弹簧件、前后机壳及刻度盘、指针等。将扬声器、电池正负引线或弹簧件按指定位置装好后，再按照装接图连接相关导线；调试好后，再装调谐拨轮组件，最后将印制电路板用螺钉安装在机壳上。

三、装配步骤

电子产品整机装配步骤如表 3-6 所示。

表 3-6　电子产品整机装配步骤

装配步骤	项目名称	项 目 内 容
1	核对产品物料清单	根据电路图设置元器件清单，把核对无误的元器件固定在清单上。逐个核对，检查是否有元器件缺少
2	检测元器件	使用仪表检测元器件性能是否完好，同时对二极管、晶体管的类别和管脚极性进行判断
3	元器件加工	包括印制电路板的处理、元器件引线处理、所用导线的加工
4	印制电路板加工	按照"先小后大、先低后高、先轻后重、先易后难、先一般元器件后特殊元器件"的原则装配
5	导线安装	电路板与电池两端、电路板与扬声器之间连接导线
6	整机装配	磁棒天线焊接；各拨盘、拉线、指针、刻度盘等的安装
7	整机调试	调中频谐谐电路，调本振谐振回路，调输入回路

注：表中项目内容是以收音机的装配为例的。读者可根据具体情况做相应调整。

思考与练习

一、填图题

在如图 3-10 所示的收音机结构框图中，填上各电路组成部分的名称，并画出对应 A、B、C、D、E、F、G 各点对应输出的波形。

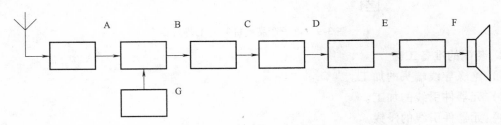

图 3-10　收音机结构框图

二、问答题

1. 说明中放电路的作用。
2. 说明功率放大器的工作原理。

项目四 方波发生器电路

随着电子技术的不断发展，集成运放的应用已不局限于计算机等的数学运算，它作为一种高放大倍数的放大器，可以组合成各种实用电路，现在它的应用已十分广泛。本项目以方波发生器电路的制作为载体学习集成运放基本知识及其特性，比例运放电路的结构及其基本原理以及比例运放电路的制作与检测。

任务一 比例运放电路的制作与检测

 **任务目标**

知识目标

1）了解集成运放的组成及各部分的作用。

2）掌握集成运放的功能指标，熟悉常用集成运放的型号。

3）了解比例运放电路结构及特点，掌握比例运放电路的放大倍数的计算方法。

技能目标

1）能用目视法判断和识别集成运放。

2）会用万用表对集成运放的性能进行检测。

3）会制作与检测比例运放电路。

素质目标

1）培养学生独立思考、动手操作的习惯。

2）养成学生互相学习、协同工作的精神。

任务描述

集成运算放大器，简称集成运放，是一种把多级直流放大器集成在一个芯片上，只要在外部接少量元器件就能完成各种功能的器件。集成运放的外观如图4-1所示。集成运放工作在线性放大区域时，可以用来组成各种运算电路。比例运放电路及其应用电路就是其中之一。本任务就是制作与检测比例运放电路。

图4-1 集成运放的外观

任务实施

一、工具及材料准备

1）万用表、示波器、直流电源（12V、－12V）、连接导线若干。

2）比例运放电路的元器件明细表如表 4-1 所示。

表 4-1　比例运放电路的元器件明细表

序号	名称	规格	数量
1	电阻器 R_1、R_3、R_4	1kΩ	3
2	电阻器 R_2	10kΩ	1
3	电阻器 R_5	750Ω	1
4	电阻器 R_6	5.1kΩ	1
5	集成运放	LM741	2
6	万用板	55mm×45mm	1

二、比例运放电路的制作

1. 元器件检测

1）色环电阻器主要识别其标称阻值，用万用表相应挡位测量选用的电阻器，确认阻值的大小。

2）确定 LM741 集成运放各管脚的名称。

2. 绘制装接图

按图 4-8 所示比例运放电路图设计、绘制装接图。要求按电路的连接关系布线，元器件分布要均匀，结构紧凑，连接导线要平、直，导线不能交叉，确实需交叉的导线应在元器件体下穿过。

3. 管脚加工成型

按工艺要求对元器件管脚进行成型加工。注意不要反复折弯元器件管脚，以免因其折断而报废。

4. 电路制作

按照装接图进行装接。

1）按顺序在万用板上插接元器件。一般先插接集成芯片的管座，再按顺序从左至右、从上至下插接电阻。

2）根据装接图，按从左至右、从上至下的顺序连接导线。接线要可靠，无漏接、虚接、短路现象，并引出电源接线端、公共地端及输入、输出信号接线端。

5. 电路调试

电路装接完毕后进行自检，正确无误后方能插接集成运放，接通直流电源及输入信号进行调试。

三、比例运放电路的检测

1）直观检查电路中的导线是否松动；有无漏接、错接元器件；集成电路的管脚顺序是否正确；有无发热元器件等。

2）断开电源，根据电路图，按从左至右、从上至下的顺序用万用表依次检查元器件的连接情况。

3）若出现输出端无信号故障，产生这一现象的原因可能是电源及输入信号端虚接，电

源接反及 A_1 至 R_5 的接线漏接等。根据故障现象，找出故障点，并加以排除。

4）若出现输出信号固定不变故障，产生这一现象的原因可能是同相输入端与反相输入端接反。根据故障现象，找出故障点，并加以排除。

四、比例运放电路的功能测试

1）将低频信号发生器的频率置于 1kHz，输出电压为 50mV，并将其输出端与比例运放电路的输入端连接。

2）将双踪示波器的输入端分别接至电路的输入端和输出端。

3）接通电源，调整示波器，使输入、输出电压波形稳定显示（2～3 个周期）。

4）读取输入、输出电压波形的峰-峰值 U_{P-P}，计算每级的电压放大倍数，将结果填入表 4-2 中。

5）观察输入、输出波形的相位变化情况，将结果填入表 4-2 中。

表 4-2 测量记录

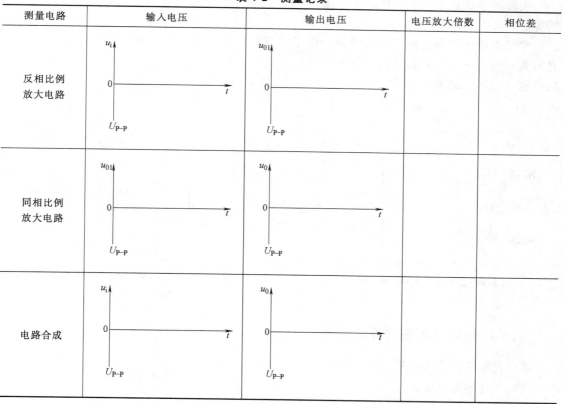

测量电路	输入电压	输出电压	电压放大倍数	相位差
反相比例放大电路				
同相比例放大电路				
电路合成				

知识链接

一、集成运放的基本结构与图形符号

1. 集成运放的基本结构

集成运放的种类很多，电路各不相同，但其基本结构相似，通常都由四部分组成，即输

入级、中间级、输出级和偏置电路。图 4-2 所示为集成运放的基本结构框图。

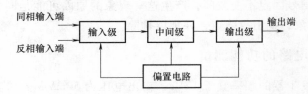

图 4-2　集成运放的基本结构框图

2. 集成运放的图形符号

集成运放的图形符号如图 4-3 所示。它有两个输入端，其中"＋"号为同相输入端，表示集成运放的输出信号与该输入端所加信号极性相同；"－"号为反相输入端，表示集成运放的输出信号与该输入端所加信号极性相反。"▷"表示信号的传输方向，"∞"表示理想开环电压放大倍数为无穷大。

实际的集成运放除了上述的 3 个接线端子以外，还有正/负电源端、调零端、相位补偿端等。

集成运放的管脚排列因型号而异，使用时需要参考产品手册。如，LM741 与 LM324 都是双列直插式的，其管脚排列如图 4-4 所示，其中 LM324 是由 4 个独立的通用型集成运放集成在一起所组成的。

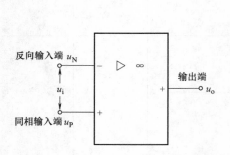

图 4-3　集成运放的图形符号

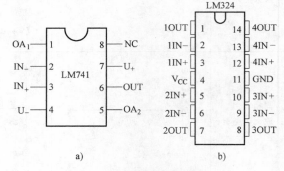

图 4-4　集成运放的管脚排列
a）LM741　b）LM324

二、理想运放的主要性能指标

1）开环电压放大倍数：$A_{U0} \to \infty$。

2）开环输入电阻：$r_{id} \to \infty$。

3）输出电阻：$r_o \to 0$。

4）输入失调电压、输入失调电流均为零。

5）共模抑制比 $K_{CMRR} \to \infty$。

三、集成运放的基本特性

1. 集成运放的电压输出特性

集成运放的基本特性主要是电压输出特性。电压输出特性是指输出电压随输入电压的变化而变化的特性，通常用电压输出特性曲线来表示，如图4-5所示。特性曲线可分为线性放大区和非线性饱和区域（包括正向饱和区和负向饱和区）两部分。在线性放大区，输出电压 u_o 随输入电压 u_i 的变化而变化，曲线的斜率为集成运放的电压放大倍数；在非线性饱和区，输出电压只有两种情况，正向饱和电压 $+U_{om}$ 和负向饱和电压 $-U_{om}$。集成运放工作在线性放大区时，用来组成各种运算电路，如比例运放电路、加法运算电路、减法运算电路及微分电路、积分电路等。

2. 理想集成运放工作在线性放大状态时的特性

理想集成运放在引入深度负反馈时，工作在线性放大状态，其特性如下：

（1）虚短　由于理想集成运放的开环电压放

大倍数 $A_{U0} \rightarrow \infty$，且 $A_{U0} = \dfrac{u_o}{u_i} = \dfrac{u_o}{u_N - u_P}$ 所以 $u_N - u_P = 0$，即 $u_N = u_P$。同相输入端与反相输入端的电位相等，称之为"虚短"。

（2）虚断　由于理想集成运放的开环输入电

阻 $r_{id} \rightarrow \infty$，且 $r_{id} = \dfrac{u_i}{i_i}$（$i_i$ 为同相及反相输入端的电流），所以 $i_i = 0$，即集成运放两个输入端的电流均为零，称之为"虚断"。

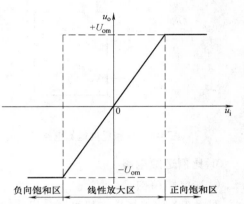

图4-5　集成运放的电压输出特性曲线

这两个特性可以大大简化运算放大电路的分析过程，在实际中，运算放大器的特性很接近理想特性，所以利用这两个特性来分析实际电路是可行的。

四、集成运算电路

1. 反相比例运算电路

如图4-6所示为反相比例运算电路。输入电压 u_i 通过电阻 R_1 作用于集成运放的反相输入端，故与输出电压 u_o 反相；反馈电阻 R_f 跨接在集成运放的输出端和反相输入端之间，引入电压并联负反馈；同相输入端通过 R_2 接地，R_2 称为平衡电阻，以保证集成运放的对称性，$R_2 = R_1 // R_f$。

反相比例运算电路的闭环电压放大倍数为：

$$A_{uf} = \frac{u_o}{u_i} = -\frac{R_f}{R_1}$$

式中，"－"表示输出电压与输入电压极性相反。当 $R_f = R_1$ 时，$u_o = -u_i$，电路构成反相器。

2. 同相比例运算电路

如图4-7所示为同相比例运算电路。与反相比例运算电路所不同的是，输入信号通过电阻 R_2 接至同相端，而反相端则通过电阻 R_1 接地，电路构成电压串联负反馈，R_2 称为平衡电阻。

反相比例运算电路的闭环电压放大倍数为：

$$A_{uf} = \frac{u_o}{u_i} = 1 + \frac{R_f}{R_1}$$

由上式可知，同相比例运算电路的输出电压与输入电压同相位。当 $R_f = 0$ 时，$u_o = u_i$，电路构成电压跟随器。电压跟随器常用做阻抗变换器或缓冲器。

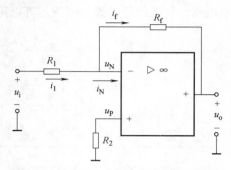

图 4-6 反相比例运算电路

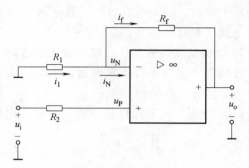

图 4-7 同相比例运算电路

3. 比例运放电路

（1）电路结构

如图 4-8 所示比例运放电路是由两级比例运算放大器组成的。

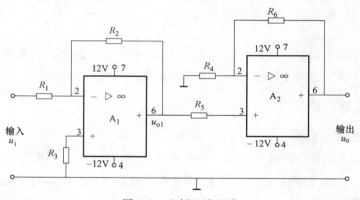

图 4-8 比例运放电路

（2）电路分析

该电路由一级反相比例运算电路和一级同相比例运算电路组成，输出电压与输入电压的极性相反。

任务评价

比例运放电路的制作与检测评分标准如表 4-3 所示。

表 4-3 比例运放电路的制作与检测评分标准

考核项目	考核要求	评价标准	配分	自评分	互评分	师评分	分评总分	总评
仪器仪表使用	正确、规范使用示波器	1. 万用表使用不正确,扣 5 分 2. 不能正确使用示波器观测波形,每次扣 5 分	15					

（续）

考核项目	考核要求	评价标准	配分	自评分	互评分	师评分	分评总分	总评
电路制作、安装及调试	1. 电路制作、安装符合工艺要求 2. 在规定时间内独立完成电路装接，电路接线正确，布局合理 3. 焊接符合工艺要求	1. 电路制作、安装正确、完整，每处不符合扣10分 2. 元器件安装符合工艺要求，每处不符扣5分 3. 焊接符合要求，每处不符扣5分 4. 元器件完好无损，损坏元器件每只扣3分	35					
电路检测	1. 正确找出故障、排除故障 2. 按要求会进行电路测试	1. 故障漏判、错判，每处扣10分 2. 电路测错每次扣5分 3. 波形记录错每处扣3分	30					
课堂活动的参与度	积极参与课堂组织的讨论、思考、操作和回答提问	1. 不积极思考或没参加小组讨论、没回答提问，视情况扣5～10分 2. 不参加小组操作，扣10分	10					
安全文明实训	遵守实训室管理要求，保持实训环境整洁	1. 违反管理要求，视情况扣5分 2. 未保持环境整洁和清洁，扣5分	10					

注：分评总分 = 自评分 ×20% + 互评分 ×30% + 师评分 ×50%。

 **知识拓展**

微积分运算电路

一、微分运算电路

微分运算电路如图 4-9 所示。它和反相比例运算电路的差别是用电容代替电阻 R_1。为使直流电阻平衡，要求 $R_1 = R_f$。

根据运放反相输入端虚地可得

$$i_1 = C_1 \frac{\mathrm{d}u_i}{\mathrm{d}t}$$

$$i_f = -\frac{u_o}{R_f}$$

由于 $i_1 = i_f$，因此可得输出电压 u_o 为

$$u_o = -R_f C_1 \frac{\mathrm{d}u_i}{\mathrm{d}t} \qquad (4\text{-}1)$$

可见输出电压 u_o 正比于输入电压 u_i 对时间的 t 的微分，从而实现了微分运算。式（4-1）中，$R_f C_1$ 为微分运算电路的时间常数。

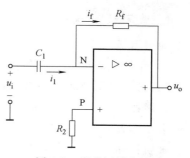

图 4-9　微分运算电路

二、积分运算电路

积分运算电路又称积分器，其电路结构如图 4-10a 所示，反馈元件为电容 C。由图可知，电路存在"虚地"现象，$u_N = u_P = 0$，那么 $u_o = u_C$，$u_i = i_1 R$。

又因为"虚短"，$i_1 = i_C$，于是

$$u_o = u_C = -\frac{1}{C}\int i_C \mathrm{d}t = -\frac{1}{RC}\int u_i \mathrm{d}t$$

即输出电压与输入电压成积分关系，且极性相反。

当 u_i 为常量 E 时，有

$$u_o = -\frac{E}{RC}t \tag{4-2}$$

式（4-2）表明，输出电压随时间线性增长，其电压波形如图 4-10b 所示。积分运算电路可以实现延时、定时和产生各种波形。

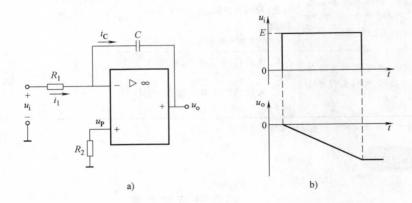

图 4-10 积分运算电路
a）电路结构 b）电压波形

任务二　方波发生器电路的制作与检测

任务目标

知识目标

1）了解理想运放工作在非线性区的特点。

2）理解电压比较器的组成和工作原理。

技能目标

会制作方波发生器电路。

素质目标

1）培养学生独立思考、动手操作的习惯。

2）养成学生互相学习、互相帮助、协同工作的精神。

任务描述

集成运放工作在非线性区域时，可以组成电压比较电路。电压比较电路又称电压比较器，它是函数发生器电路中不可缺少的组成部分。本任务就是通过制作和检测方波发生器电路学习集成运放非线性应用电路相关知识。

任务实施

一、工具及材料准备

1）万用表、示波器。

2）常用电子电路装接工具、焊接工具、导线若干。

3）方波发生器电路的元器件明细表如表 4-4 所示。

表 4-4　方波发生器电路元器件明细表

序号	名　称	规　格	数　量
1	电阻器 R_1	10kΩ	1
2	电阻器 R_2、R_3、R_f	20kΩ	3
3	电位器 RP	20kΩ	1
4	电容器 C	2200pF	1
5	稳压二极管 V_Z	2DW7	2
6	集成运放	LM741	2
7	电源	12V、−12V	各1
8	万用板	55mm×45mm	1

二、电路制作与调试

1. 元器件检测

（1）色环电阻器　主要识别其标称阻值，用万用表相应挡位测量选用的电阻器，确认阻值的大小。

（2）电容器　确认电解电容的极性，用 R×10k 挡，判别是否漏电或性能好坏。

（3）集成运放　确定 LM324 集成运放各引脚的功能。

2. 绘制装接图

按图 4-16 所示的方波发生器电路图设计、绘制装接图。要求按电路的连接关系布线，元器件分布要均匀，结构紧凑，连接导线要平、直，导线不能交叉，确实需交叉的导线应在元器件体下穿过。

3. 引脚加工成型

按工艺要求对元器件引脚进行成型加工。注意不要反复折弯元器件引脚，以免因其折断而报废。

4. 电路制作

按照装接图进行电路制作。

1）集成插座底部贴紧万用板；

2）电阻器均采用卧式安装，要求贴紧万用板，电阻器色环方向应一致。

3）电容器均采用垂直安装，要求电解电容器底部紧贴万用板不能歪斜，注意极性不能接错。无极性电容器底部离万用板 3～5mm。

4）焊接方法正确，焊点符合工艺要求，引脚长度留 1～2mm。

5）电路安装符合工艺要求，在规定时间内独立完成电路装接。

5. 电路调试

电路装接完备后进行自检，检查是否有漏焊、错焊及短路现象；电路连接是否正确；正确无误后方能插接集成运放，接通直流电源，用示波器观测输出端的波形。

三、电路的检测

1）直观检查电路中的导线是否松动；有无漏接、错接元器件；集成电路的引脚顺序是否正确；有无发热元器件等。

2）若无输出波形则检查：①检查集成电路是否接反；②电源机型是否正确；③R_4 与 u_o 的反馈线是否连接。

知识链接

一、理想运放工作在非线性区时的特点

理想运放在开环或引入正反馈时，工作在非线性状态。其特点有以下两点：

1）虚短不成立，但具有比较功能。当 $u_N > u_P$ 时，$u_o = -U_{om}$；当 $u_N < u_P$ 时，$u_o = +U_{om}$。

2）虚断仍然成立，即 $i_N = i_P = i_i = 0$。

利用理想运放的上述两个特点，可以组成电压比较电路，即电压比较器。按电路结构的不同，电压比较器可以分为单门限电压比较器和双门限电压比较器。

二、单门限电压比较器

1. 过零电压比较器

反相输入和同相输入过零电压比较器的电路结构，如图 4-11a 和 4-12a 所示。由电路可知，运放处于开环状态，图 4-11a 所示电路中，当 $u_i > 0$ 时，$u_o = -U_{om}$；当 $u_i < 0$ 时，$u_o =$

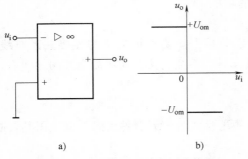

图 4-11　反相输入过零电压比较器

a）电路结构　b）电压传输特性

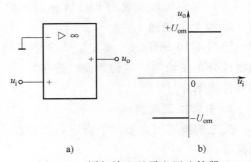

图 4-12　同相输入过零电压比较器

a）电路结构　b）电压传输特性

$+U_{om}$，其电压传输特性曲线如图 4-11b 所示。同理可分析得出同相输入过零电压比较器的电压传输特性曲线如图 4-12b 所示。

2. 比较电压为 U_R 的电压比较器

反相输入和同相输入单门限电压比较器的电路结构，如图 4-13a 和 4-14a 所示。图 4-14a 为反相输入单门限比较器，当输入电压当 $u_i > U_R$ 时，$u_o = -U_{om}$；当 $u_i < U_R$ 时，$u_o = +U_{om}$，其电压传输特性曲线如图 4-14b 所示。同理可分析得出同相输入单门限电压比较器的电压传输特性如图 4-15b 所示。

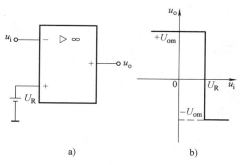

图 4-13　反相输入单门限电压比较器
a）电路结构　b）电压传输特性

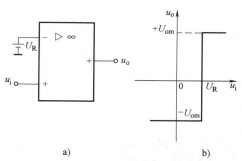

图 4-14　同相输入单门限电压比较器
a）电路结构　b）电压传输特性

U_R 为阈值电压，它是输出电压在 $+U_{om}$ 和 $-U_{om}$ 之间跃变时的输入电压临界值，也称为门槛电压。

三、迟滞电压比较器

单门限电压比较器十分灵敏，输入电压在阈值电压附近的任何微小变化（来源于输入信号或外部干扰），都会引起输出电压的跃变，所以其抗干扰能力差。迟滞电压比较器（又称为双门限电压比较器，也称为施密特触发器）具有滞回特性，因而也就具有一定的抗干扰能力。如图 4-15a 所示。从反相输入端输入的迟滞电压比较器中引入了正反馈。在图 4-15b 电压传输特性曲线中，U_{h1} 和 U_{h2} 分别为阈值电压，当 $u_i > U_{h1}$ 时，$u_o = -U_{om}$；当 $u_i < U_{h2}$ 时，$u_o = +U_{om}$。

由此可知，迟滞电压比较器的输入信号在一定范围内发生变化时，其输出信号不变，提高了电路的抗干扰能力。

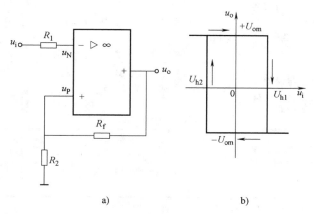

图 4-15　迟滞电压比较器
a）电路结构　b）电压传输特性

四、方波发生器电路

方波发生器电路如图 4-16 所示。

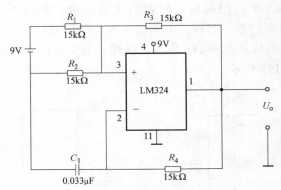

图 4-16　方波发生器电路

任务评价

方波发生器电路的制作与检测评分标准如表 4-5 所示。

表 4-5　方波发生器电路的制作与检测评分标准

考核项目	考核要求	评价标准	配分	自评分	互评分	师评分	分评总分	总评
仪器仪表使用	正确、规范使用万用表和示波器	1. 万用表使用不正确,扣 5 分 2. 不能正确调节示波器,每次扣 5 分	15					
电路制作	按工艺要求完成方波发生器电路的制作	1. 装接图不合理,扣 10 分 2. 焊点每处不符合要求,扣 3 分 3. 元器件完好无损,损坏元器件每只扣 3 分 4. 工具使用不正确,每次扣 2 分	40					
电路检测	在规定时间内,利用仪器仪表测试电路并进行检测	1. 通电调试一次不成功扣 10 分 2. 调试过程中,元器件损坏,每件扣 5 分 3. 不能检测电路扣 10 分	20					
课堂活动的参与度	积极参与课堂组织的讨论、思考、操作和回答提问	1. 不积极思考或没参加小组讨论、没回答提问,视情况扣 5 ~ 10 分 2. 不参加小组操作,扣 10 分	15					
安全文明实训	遵守实训室管理要求,保持实训环境整洁	1. 违反管理要求,视情况扣 5 分 2. 未保持环境整洁和清洁,扣 5 分	10					

注：分评总分 = 自评分 ×20% + 互评分 ×30% + 师评分 ×50%。

函数信号发生器

一、函数信号发生器的结构

函数信号发生器是一种能产生正弦信号、矩形脉冲波和三角波等信号的常见低频信号源，主要技术数据有频宽和最大输出电压值等。输出信号的频率及幅值均连续可调，频率采用数码管显示，输出电压有效值通过面板上的输出指示电压表显示，该电压表供各种输出信号波形共用。函数信号发生器是集成运放的综合应用电路，如图 4-17 所示。

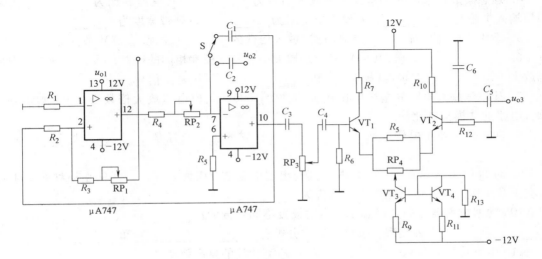

图 4-17 函数信号发生器电路

二、电路原理

电路中，μA747 内部由两个集成运放组成，集成运放 IC_1 通过 R_2、R_3、RP_1 接成迟滞电压比较器，其阈值电压为

$$u_h = \frac{R_2}{R_2 + R_3 + RP_1} u_{o1} + \frac{R_3 + RP_1}{R_2 + R_3 + RP_1} u_{o2}$$

集成运放 IC_2 通过电阻 R_4、电容 C_1 或 C_2 接成积分器。将迟滞电压比较器与积分器首尾相连，形成正反馈闭环控制系统。电压比较器输出的方波 u_{o1} 经积分器可得到三角波 u_{o2}，三角波 u_{o2} 又触发电压比较器自动翻转形成方波 u_{o1}。当方波信号 u_{o1} 在 $+U_{om}$ 和 $-U_{om}$ 之间变化时，三角波信号 u_{o2} 在 $-\dfrac{U_{om}}{(R_4 + RP_2) \, C_1} t_1$ 与 $+\dfrac{U_{om}}{(R_4 + RP_2) \, C_1} t_1$ 间线性变化，其中 $t_1 = T/4$。集成运放 IC_2 的 10 脚的三角波经两极 RC 电路的整形、差动放大及 C_6 的滤波后，在 u_{o3} 端输出正弦波。调整电位器 RP_2 的大小或改变电容器的容量，就可改变输出波形的周期。

思考与练习

一、填空题

1. 集成运放的应用主要分为_____和_____。在分析电路原理时，都可以当作_____运放对待。

2. 理想集成运放工作在线性区的两个特点：（1）_____，这一特性称为_____。（2）_____，这一特性称为_____。

3. 零点漂移是_____现象。

4. 理想集成运放的开环差模电压放大倍数为_____，共模抑制比为_____，开环差模输入电阻为_____，差模输出电阻为_____，频带宽度为_____。

5. 集成运放是具有_____（高/低）放大倍数的_____（交流/直流）放大器。

6. _____（差模/共模）信号是指大小相等，极性相同的一对信号，差分放大电路能放大_____（差模/共模），抑制_____（差模/共模）信号。

7. 某差分放大电路的差模电压放大倍数为1000，共模电压放大倍数为0.1，则该差分放大电路的共模抑制比为_____。

8. 功率放大器主要任务是_____，它的主要指标是_____、_____和_____。

9. 对称 OCL 电路在正常工作时，其输出端中点电位应为_____；互补对称 OTL 电路在正常工作时，其输出端中点电位应为_____。

10. 功率放大器按照其静态工作点的设置不同可分为：_____、_____和_____共三种类型；按耦合方式分类有_____、_____和_____。

11. 甲类功放的最高效率为_____；乙类功放的最高效率为_____。

12. 乙类 OTL 电路中输出信号会出现_____失真，自举电路的作用是_____。

二、判断题

1. 集成运放只能实现运算功能。（　　）

2. 理想集成运放线性应用时，其输入端存在着"虚断"和"虚短"的特点。（　　）

3. 反相输入比例运算器中，当 $R_f = R_1$，它就成了跟随器。（　　）

4. 同相输入比例运算器中，当 $R_f = \infty$，$R_1 = 0$，它就成了跟随器。（　　）

5. 如果运算放大器的同相输入端 $+u$ 接"地"（即 $+u = 0$），那么反相输入端 $-u$ 的电压一定为零。（　　）

6. 过零比较器，是输入电压和零电平进行比较，是运算放大器工作在线性区的一种应用情况。（　　）

三、简答题

1. 集成运放是由哪几部分组成的？

2. 理想集成运放具有哪些特性？

3. 简述理想集成运放工作在非线性区时的特点。

项目五　四人抢答器电路

逻辑门电路是数字逻辑电路中最基本的单元。在实际数字应用电路中的较复杂的组合逻辑电路都是利用这些基本逻辑门的组合。本项目就是通过制作四人抢答器学习基本逻辑门电路、复合逻辑门电路的逻辑功能以及编码器、译码器等组合逻辑电路工作过程。

任务一　逻辑门电路功能测试

 **任务目标**

知识目标

1）掌握二进制数与十进制数之间的相互转换。

2）掌握基本逻辑门电路、常用复合逻辑门电路的功能及表示方法。

技能目标

1）能正确识别数字集成电路的外形及引脚。

2）会进行逻辑门电路的功能测试。

素质目标

1）培养学生独立思考、动手操作的习惯。

2）养成学生互相学习的精神。

任务描述

数字电路是通过脉冲数字信号来传输信息的，是利用二进制的"0"和"1"来反映电路中两种对立的状态，从而确认数字电路的输出状态。数字电路能很好地进行集成化。那么，二进制与数字电路如何联系？数字电路有哪些特点？数字集成电路有哪些不同的逻辑功能？本任务就是通过逻辑门电路功能的测试来认识和学习数字电路和常用逻辑门电路逻辑功能。常见集成逻辑门电路外形如图 5-1 所示。

图 5-1　常见集成逻辑门电路外形

任务实施

一、工具及材料准备

1）直流稳压电源（5V）、万用表、数字电子实验箱、连接导线若干。

2）数字集成电路：74LS08、74LS32、74LS04、74LS00、74LS02、74LS86。

二、测试逻辑门电路功能

1. 数字集成门电路引脚识别

分别识别 74LS08、74LS32、74LS04、74LS00、74LS02、74LS86 等各集成电路的引脚，分清电源接线端、接地端、输入脚和输出脚。

2. 功能测试

1）数字电子实验箱连接交流电源。

2）分别将待测试的集成电路安装在实验箱的集成插座上。

3）按相应逻辑门电路的连接方式的输入端连接至逻辑电平开关，输出端连接至逻辑电平显示，再将集成逻辑门电路连接电源（5V）和接地。

4）打开集成电路电源开关，按真值表指定输入方式输入高或低电平，观察输出电平显示是高或低电平。且将输入、输出量"0"或"1"（对应"低"或"高"）填入表 5-1～表5-6 中。

表 5-1　与门（74LS08）逻辑真值表

输	入		输	出	
A	B	Y_1	Y_2	Y_3	Y_4
0	0				
0	1				
1	0				
1	1				

表 5-2　或门（74LS32）逻辑真值表

输	入		输	出	
A	B	Y_1	Y_2	Y_3	Y_4
0	0				
1	0				
0	1				
1	1				

表 5-3　非门（74LS04）逻辑真值表

输入		输	出			
A	Y_1	Y_2	Y_3	Y_4	Y_5	Y_6
0						
1						

表 5-4　与非门（74LS00）逻辑真值表

输	入		输	出	
A	B	Y_1	Y_2	Y_3	Y_4
0	0				
1	0				
0	1				
1	1				

表 5-5　或非门（74LS02）逻辑真值表

输	入		输	出	
A	B	Y_1	Y_2	Y_3	Y_4
0	0				
0	1				
1	0				
1	1				

表 5-6　异或门（74LS86）逻辑真值表

输	入		输	出	
A	B	Y_1	Y_2	Y_3	Y_4
0	0				
1	0				
0	1				
1	1				

 知识链接

一、数字电路

1. 数字信号

数字信号是不连续的、突变的、离散的电信号。如图 5-2 所示的矩形脉冲是一种常见的

数字信号。

2. 数字电路及其特点

用来处理数字信号的电路称为数字电路。用"1"和"0"表示,分别称为高电平和低电平。数字电路具有以下特点:

图 5-2　矩形脉冲

1)便于集成化　由于数字信号简单,只需要把两种不同状态分别用"1"和"0"来表示。例如,晶体管的截止与饱和两种不同状态(相当于开关的闭合、断开)分别用"1"和"0"来表示。因此构成数字电路的基本单元电路就比较简单,而且允许元器件有比较大的分散性,即只要能区分"1"和"0"就够了,从而具有集成度高、成品率高和价格便宜、使用寿命长等优点。

2)便于信号传输、转换和处理、抗干扰能力强、精度高。数字信号所占带宽小,便于传输和处理。因电路只需识别"0"、"1",故抗干扰能力强,而且可以很方便地对数字信号进行各种逻辑运算和处理。所谓逻辑运算,就是按照逻辑规则进行逻辑推理和逻辑判断,可见数字电路不仅具有运算能力,还具有逻辑"思维"能力。

3. 二进制数和十进制数

(1)二进制数　二进制数采用两个基本数码:0 和 1,按"逢二进一"的原则计数。

(2)十进制数　十进制数采用十个基本数码:0、1、2、3、4、5、6、7、8、9,按"逢十进一"的原则计数。

(3)二进制数和十进制数的相互转换

1)二进制数转换为十进制数采用按权相加法。

例:将二进制数 $(1010)_2$ 转换为十进制数

解: $(1010)_2 = (1 \times 2^3 + 0 \times 2^2 + 1 \times 2^1 + 0 \times 2^0)_{10}$

$$= (2^3 + 0 + 2^1 + 0)_{10} = (10)_{10}$$

2)十进制数转换为二进制数时,把十进制数逐次地用 2 除,并依次记下余数,一直除到商为零。然后把全部余数,按相反的次序排列起来,就是等值的二进制数。即"除 2 取余倒读法"。小数部分则采用"乘 2 取整顺读法"。

例:把十进制数 $(97)_{10}$ 转换为二进制数

解:
$$2\underline{|97} \cdots\cdots 余 1$$
$$2\underline{|48} \cdots\cdots 余 0$$
$$2\underline{|24} \cdots\cdots 余 0$$
$$2\underline{|12} \cdots\cdots 余 0$$
$$2\underline{|6} \cdots\cdots 余 0$$
$$2\underline{|3} \cdots\cdots 余 1$$
$$2\underline{|1} \cdots\cdots 余 1$$
$$0$$

所以　$(97)_{10} = (1100001)_2$

二、基本逻辑门电路

1. 与门电路

（1）**与逻辑关系** 指只有当决定某一种结果的所有条件都具备时，这个结果才能发生。如若干串联的开关电路，只有当条件开关 A、B、C 等同时闭合，灯亮这个结果才发生。

（2）**与门电路** 能实现与逻辑关系的电路称为与门电路，简称与门。与门电路图形符号如图 5-3 所示。

图中 A、B 表示逻辑条件，称为输入逻辑变量；Y 表示逻辑结果，称为输出逻辑变量。Y 和 A、B 的关系称为逻辑函数。不论逻辑变量或逻辑函数，它们都只能有 "0"、"1" 两种取值。

真值表是用来表示门电路输入与输出逻辑对应关系的表格，同时也是数字逻辑的一种表示方法。与门逻辑真值表如表 5-7 所示。

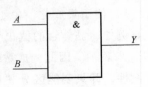

图 5-3 与门电路
图形符号

表 5-7 与门逻辑真值表

输	入	输 出
A	B	Y
0	0	0
0	1	0
1	0	0
1	1	1

（3）**与逻辑函数表达式** $Y = A \times B$。

2. 或门电路

（1）**或逻辑关系** 指当决定某种结果的几个条件中，只要有一个或一个以上条件具备，这种结果就会发生。

（2）**或门电路** 能实现或逻辑关系的电路称为或门电路，简称或门。或门电路图形符号如图 5-4 所示。或门逻辑真值表如表 5-8 所示。

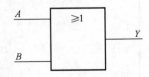

图 5-4 或门电路图形符号

表 5-8 或门逻辑真值表

输	入	输 出
A	B	Y
0	0	0
0	1	1
1	0	1
1	1	1

（3）**或逻辑代数表达式** $Y = A + B$。

3. 非门电路

（1）**非逻辑关系** 对于决定某一种结果来说，总是和条件相反，只要条件具备了，结果便不发生，而条件不具备时，结果一定会发生。

（2）**非门电路** 能实现非逻辑关系的电路称为非门电路，简称非门。非门有一个输入端 A 和一个输出端 Y。当 A 输入为高电平时，输出 Y 为低电平；当输入 A 为低电平时，输出 Y 为高电平。非门电路图形符号如图 5-5 所示。非门逻辑真值表如表 5-9

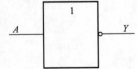

图 5-5 非门电路图形符号

所示。

表 5-9 非门逻辑真值表

输入：A	输出：Y
0	1
1	0

（3）非逻辑代数表达式 $Y = \overline{A}$。

三、复合逻辑门电路

与、或、非是最基本的逻辑关系，任何其他的复杂逻辑关系都可以由这 3 种逻辑关系组合而成。这种组合的较复杂的逻辑门电路称为复合逻辑门电路。常见的复合逻辑门电路有"与非"、"或非"、"异或"、"同或"等，它们的逻辑关系及对应的图形符号如表 5-10 所示。

表 5-10 复合逻辑门电路

逻辑关系	含　义	逻辑代数表达式	图形符号
与非	条件具备了就不会发生	$Y = \overline{AB}$	A、B & Y
或非	只要有一个条件具备，事件就不会发生	$Y = \overline{A + B}$	A、B ≥1 Y
异或	两个条件中只有一个具备，另一个不具备，事件才发生	$Y = \overline{A} \cdot B + A \cdot \overline{B}$ $= A \oplus B$	A、B =1 Y
同或	两个条件同时具备或同时不具备，事件才发生	$Y = \overline{A} \cdot \overline{B} + A \cdot B$ $= A \odot B$	A、B =1 Y

四、集成逻辑门电路

常见集成逻辑门（CMOS 系列）电路的名称及功能如表 5-11 所示。它们的内部电路和引脚排列如图 5-6 所示。

表 5-11 常见集成逻辑门（CMOS 系列）电路的名称及功能

名称	74LS08	74LS32	74LS04	74LS00	74LS02	74LS86
功能	与门	或门	非门	与非门	或非门	异或门

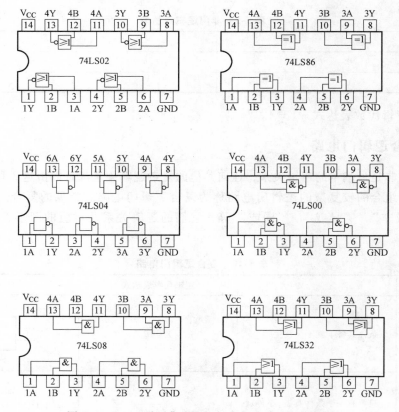

图 5-6　CMOS 系列集成逻辑门内部电路和引脚排列

注意：A、B 表示是输入端，Y 表示是输出端，而数字表示是第几个门。要特别注意每个集成逻辑门电路都有接地端（GND）和接电源端（V_{CC}），一般都是按正向识别，即铭牌标识面向自己时，下面一排的最右一脚为接地端，上面一排最左一脚为接电源端。

集成电路引脚识别方法：以集成逻辑门电路 74LS00 为例，铭牌标识面向自己，有凹槽或标识一端在左边，沿逆时针方向，下面一排引脚依次为 1→7，上面一排依次为 8→14。其他不同引脚数的 TTL 系列门电路或 CMOS 系列门电路引脚判别方法也是这样。

任务评价

逻辑门电路功能测试评分标准如表 5-12 所示。

表 5-12　逻辑门电路功能测试评分标准

考核项目	考核要求	评价标准	配分	自评分	互评分	师评分	分评总分	总评
仪器仪表使用	正确使用数字电子实验箱和万用表	1. 不能正确使用实验箱，扣5分 2. 万用表使用不正确，包括功能、挡位选择和读数，每次扣3分	10					

（续）

考核项目	考核要求	评价标准	配分	自评分	互评分	师评分	分评总分	总评
集成门电路引脚识别	正确识读集成门电路引脚	不能正确识读集成门电路引脚，每只扣4分	20					
逻辑门电路功能测试	会测试各门电路逻辑功能	1. 不能正确连接测试电路，每次扣2分 2. 不能正确测试逻辑功能，每个扣3分	45					
课堂活动的参与度	积极参与课堂组织的讨论、思考、操作和回答提问等	1. 不积极思考或没参加小组讨论，视情况扣2～5分 2. 不参加小组操作，扣10分	15					
安全文明实训	遵守实训室管理要求，保持实训环境整洁	1. 违反管理要求，视情况扣2～10分 2. 未保持环境整洁和清洁，扣5分	10					

注：分评总分 = 自评分 × 20% + 互评分 × 30% + 师评分 × 50%。

逻辑代数及其基本定律

一、逻辑代数

逻辑代数也称为布尔代数，是研究逻辑电路的数学工具，它为分析和设计逻辑电路提供了理论基础。逻辑代数所研究的内容，是逻辑函数与逻辑变量之间的关系。

逻辑代数是按一定逻辑规律进行运算的代数。它和普通代数有着本质的区别，首先逻辑代数的逻辑变量是二元常量，只有两个值，即"0"和"1"，而没有中间值；其次逻辑变量的"0"和"1"不表示数量的大小，而是表示两种对立的逻辑状态。

二、逻辑代数的基本公式

（1）变量和常量的逻辑加　$A + 0 = A$　　　　$A + 1 = 1$

（2）变量和常量的逻辑乘　$A \times 0 = 0$　　　　$A \times 1 = A$

（3）变量和反变量的逻辑加和逻辑乘　$A + \bar{A} = 1$　　　$A \times \bar{A} = 0$

三、逻辑代数的基本定律

（1）交换律　$A + B = B + A$　　　　　　$A \times B = B \times A$

（2）结合律　$A + B + C = (A + B) + C = A + (B + C)$

　　　　　　$A \times B \times C = (A \times B) \times C = A \times (B \times C)$

（3）重叠律　$A + A = A$　　　　　　　　$A \times A = A$

（4）分配律　$A + B \times C = (A + B) \times (A + C)$

$$A \times (B + C) = A \times B + A \times C$$

（5）吸收律　$A + AB = A$　　$A \times (A + B) = A$

（6）非非律　$A = \overline{\overline{A}}$

（7）反演律　$\overline{A + B} = \overline{A} \times \overline{B}$　$\overline{A \times B} = \overline{A} + \overline{B}$

四、逻辑代数的运算顺序

逻辑代数的运算顺序与普通代数一样。

1）先算逻辑乘，再算逻辑加，有括号时先算括号内。

2）逻辑表达式求反时可以不再加括号。

3）先或后与的运算式，或运算要加括号。

任务二　三人表决器的制作

 **任务目标**

知识目标

了解基本逻辑门电路的不同组合的逻辑功能。

技能目标

1）会分析复合逻辑电路。

2）会根据给定的功能要求，设计出实用的逻辑电路。

素质目标

1）培养学生独立思考、动手操作的习惯。

2）养成学生互相学习、协同工作的精神。

任务描述

逻辑门电路应用十分广泛。在实际应用中，从逻辑表达式上看起来比较复杂的电路，实际上都是由基本逻辑单元"与"、"或"、"非"门按照一定规律组合而成的。本任务就是制作一个由基本门电路组合的应用电路——三人表决器。三人表决器元器件布置图如图 5-7 所示。

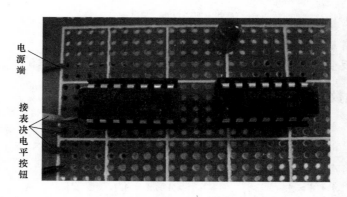

图 5-7　三人表决器元器件布置图

任务实施

一、工具及材料准备

1）直流电源（5V）、数字电子实验箱、万用表、导线若干、万用板、焊接工具一套。

2）发光二极管、逻辑电平开关、数字集成电路：74LS08 和 74LS10。

二、三人表决器电路的制作

1）根据三人表决器功能要求，设计能完成这一功能的逻辑图。

2）正确选择数字集成电路。

3）依据逻辑图完成电路装接图的设计。电路装接图必须有清晰的电路连接方法，电路接线正确，布局合理，交叉电路处理得当，电路整体设计美观。

4）认真进行元器件检测与连接导线的筛选。

5）验证集成电路 74LS08、74LS10 的逻辑功能是否正常。

6）按照原理图，在万用板上组装电路。要求电路连接与原理图一致，电路安装符合工艺要求，集成插座底部贴紧万用板，二极管极性不能接反；焊接方法正确，焊点符合工艺要求，引脚长度留 1～2mm。

7）验证三人表决器逻辑功能。将验证结果填入表 5-13 中。

表 5-13 三人表决器真值表

输　　入			输　　出
A	B	C	Y
0	0	0	
0	0	1	
0	1	0	
0	1	1	
1	0	0	
1	0	1	
1	1	0	
1	1	1	

知识链接

一、组合逻辑电路分析方法

1）由逻辑图逐级写出各输出端的逻辑表达式。

2）化简和变换各逻辑表达式。

3）列出真值表。

4）根据真值表和逻辑表达式对电路进行分析，并确定电路的功能。

例：分析图 5-8 所示电路的逻辑功能。

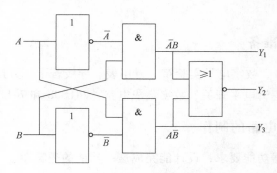

图 5-8　逻辑门应用电路

解：1）各输出端的逻辑表达式为：

$$Y_1 = \overline{A}B \qquad Y_2 = \overline{\overline{A}B + A\overline{B}} \qquad Y_3 = A\overline{B}$$

2）根据输出量与输入量的逻辑关系列出真值表，如表 5-14 所示。

表 5-14　逻辑真值表

输　　入		输　　出		
A	B	Y_1	Y_2	Y_3
0	0	0	1	0
0	1	1	0	0
1	0	0	0	1
1	1	0	1	0

3）逻辑功能：一位比较器。

二、组合逻辑电路的设计步骤

1）明确逻辑要求，确定输入量和输出量，并根据逻辑关系，列出真值表。

2）依据真值表写出逻辑表达式。

3）根据逻辑表达式画出逻辑电路图。

4）选择合适的集成电路，制作能达到要求的逻辑电路。

5）测试设计电路的逻辑功能。

三、逻辑电路设计举例

某船闸用信号灯控制过往船只的进闸顺序，顺序是高速水翼船、客轮、货轮，在同一时间里只能有一艘船驶入船闸，即只能给出一个驶入信号，以三种色光灯分别指示。试完成这一逻辑控制电路的设计。

解：1）按功能要求，设 A 为高速水翼船、B 为客轮、C 为货轮，红、黄、绿三种色光灯分别指示 A、B、C 三类船。灯亮为电路功能 1，表示允许所指示的船驶入；灯不亮为 0，表示该船不能驶入。

2）根据功能要求，列出船闸信号灯真值表如表 5-15 所示。

表 5-15　船闸信号灯真值表

输　　　入			输　　　出		
A	B	C	Y_1	Y_2	Y_3
0	0	0	0	0	0
0	0	1	0	0	1
0	1	0	0	1	0
0	1	1	0	1	0
1	0	0	1	0	0
1	0	1	1	0	0
1	1	0	1	0	0
1	1	1	1	0	0

3）由逻辑真值表可写出各灯状态逻辑式。将结果为 1 的各输入按"与"关系组成一项，再将各个为 1 的项按"或"关系组合起来即为所求逻辑表达式，经化简得：

$$Y_1 = A$$
$$Y_2 = \overline{A}B$$
$$Y_3 = \overline{A}\ \overline{B}C$$

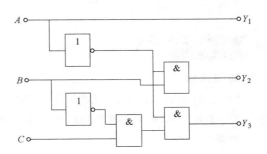

图 5-9　船闸信号灯逻辑图

4）依据化简后的逻辑表达式画船闸信号灯逻辑图，如图 5-9 所示。

5）根据图 5-9 可知，选择一只 74LS04 和一只 74LS00 芯片即可搭成所需电路。

6）验证逻辑功能，符合要求即可。

任务评价

三人表决器的制作评分标准如表 5-16 所示。

表 5-16　三人表决器的制作评分标准

考核项目	考核要求	评价标准	配分	自评分	互评分	师评分	分评总分	总评
仪器仪表使用	正确、规范使用万用表	不正确使用万用表，每次扣 2 分	10					
电路设计	按功能要求正确设计逻辑电路	1. 功能理解不正确，扣 10 分 2. 电路设计不正确，视不同情况扣 5~15 分	25					
电路制作	1. 电路安装符合工艺要求 2. 在规定时间内独立完成电路装接，电路接线正确，布局合理 3. 正确进行电路功能测试	1. 电路安装不正确、不完整，每处不符合扣 5 分 2. 元器件安装符合工艺要求，每处不符扣 3 分 3. 元器件完好无损，损坏元器件每只扣 3 分 4. 不能进行功能测试扣 5 分	40					

（续）

考核项目	考核要求	评价标准	配分	自评分	互评分	师评分	分评总分	总评
课堂活动的参与度	积极参与课堂组织的讨论、思考、操作和回答提问	1. 不积极思考或没参加小组讨论、没回答提问，视情况扣2～5分 2. 不参加小组操作，扣5分	15					
安全文明实训	遵守实训室管理要求，保持实训环境整洁	1. 违反管理要求，视情况扣5分 2. 未保持环境整洁和清洁，扣5分	10					

注：分评总分 = 自评分 ×20% + 互评分 ×30% + 师评分 ×50% 。

任务三 四人抢答器的制作

任务目标

知识目标

1）了解编码器的编码原理和译码器的译码原理以及它们的逻辑功能。

2）了解显示驱动译码器的功能及显示器原理。

技能目标

1）会测试译码器、编码器及显示译码器的逻辑功能。

2）会设计四人抢答器电路。

3）会正确制作四人抢答器。

素质目标

1）培养学生独立思考、动手操作的习惯。

2）养成学生互相学习、协同工作的精神。

任务描述

在计算机和数字电路中，常需要将数字、字符、汉字按照一定的规则转换为电路能够识别的信号，这就需要进行编码。同时也常看到能够显示数字、字符，这就需要显示译码电路。本任务就是在学习编码和显示译码的基础上来制作四人抢答器。四人抢答器电路元器件布置图如图 5-10 所示。

任务实施

一、工具及材料准备

1）直流电源（5V）、万用表、万用板、连接导线若干。

2）逻辑电平开关、7 段数码显示器、发光二极管。

3）数字集成电路 74LS48、74LS00 和 74LS148。

电源端

接抢答按钮

图 5-10 四人抢答器电路元器件布置图

二、检测与筛选元器件

对电路中使用的元器件进行检测与筛选，尤其是需要对 74LS48、74LS00、74LS148 的功能测试。

三、四人抢答器的制作

1. 装配电路

按照元器件布置图，在万用板上装配电路。装配工艺要求为：

1) 集成插座底部贴紧万用板。
2) 布线正确，焊接方法正确，焊点合格，无漏焊、虚焊、短路现象。
3) 按钮垂直安装，底部紧贴万用板。
4) 电路安装符合工艺要求，在规定时间内独立完成电路装接。

2. 自检

装配完成后首先完成自检，正确无误后才能进行调试。

（1）焊接检查 焊接结束后，首先检查电路有无漏焊、错焊、虚焊等问题。检查时可用尖嘴钳或镊子将每个元器件拉一拉，看有无松动，如果发现有松动现象，应重新焊接。

（2）元器件检查 重点检查集成电路引脚有无接错、短路、虚焊等。

（3）接线检查 对照电路原理图检查接线是否正确、有无接错，是否有碰线、短路现象。

四、四人抢答器功能测试

在检查电路无误的情况下，通电测试电路的逻辑功能。

 知识链接

一、编码器

编码是指将一组信号按一定规律编码，每一组代码都有确定的含义。比如电话局给每台

电话机编上号码的过程就是编码。在数字电路中，如将若干个 0 和 1 按一定规律编排在一起，编成不同代码，并将这些代码赋予特定含义，这就是某种二进制编码。能实现编码功能的逻辑电路称为编码器。

编码器的输出端 Y 与输入端 X 的关系满足 $X = 2^Y$，输出端比输入端要少。在数字处理时，常采用二进制编码或二—十进制编码。

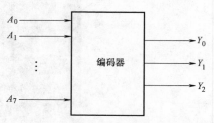

图 5-11　三位二进制编码器

1. 二进制编码器

用 n 位二进制代码对 2^n 个信号进行编码的电路，叫做二进制编码器。三位二进制编码器如图 5-11 所示。

三位二进制编码器真值表如表 5-17 所示。

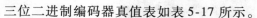

表 5-17　三位二进制编码器真值表

输　入								输　出		
A_7	A_6	A_5	A_4	A_3	A_2	A_1	A_0	Y_2	Y_1	Y_0
0	0	0	0	0	0	0	1	0	0	0
0	0	0	0	0	0	1	0	0	0	1
0	0	0	0	0	1	0	0	0	1	0
0	0	0	0	1	0	0	0	0	1	1
0	0	0	1	0	0	0	0	1	0	0
0	0	1	0	0	0	0	0	1	0	1
0	1	0	0	0	0	0	0	1	1	0
1	0	0	0	0	0	0	0	1	1	1

三位二进制编码器逻辑表达式：

$$Y_0 = \overline{\overline{A_1}\ \overline{A_3}\ \overline{A_5}\ \overline{A_7}} \qquad Y_1 = \overline{\overline{A_2}\ \overline{A_3}\ \overline{A_6}\ \overline{A_7}} \qquad Y_2 = \overline{\overline{A_4}\ \overline{A_5}\ \overline{A_6}\ \overline{A_7}}$$

2. 二—十进制编码器

将十进制的十个数字 0～9 编成二进制代码的电路，叫做二—十进制编码器。它至少需要 4 个输出端。8421 码即二进制代码自左至右，各位的“权”分为 8、4、2、1。每组代码加权系数之和，就是它代表的十进制数。例如 0 + 4 + 2 + 0 = 6。8421BCD 码编码器真值表如表 5-18 所示。

表 5-18　8421BCD 码编码器真值表

输　入										输　出			
A_9	A_8	A_7	A_6	A_5	A_4	A_3	A_2	A_1	A_0	Y_3	Y_2	Y_1	Y_0
0	0	0	0	0	0	0	0	0	1	0	0	0	0
0	0	0	0	0	0	0	0	1	0	0	0	0	1
0	0	0	0	0	0	0	1	0	0	0	0	1	0
0	0	0	0	0	0	1	0	0	0	0	0	1	1
0	0	0	0	0	1	0	0	0	0	0	1	0	0
0	0	0	0	1	0	0	0	0	0	0	1	0	1
0	0	0	1	0	0	0	0	0	0	0	1	1	0
0	0	1	0	0	0	0	0	0	0	0	1	1	1
0	1	0	0	0	0	0	0	0	0	1	0	0	0
1	0	0	0	0	0	0	0	0	0	1	0	0	1

能进行二—十进制编码的集成编码器比较常见的是 TTL 系列的 74LS147 或 74LS148，它们都是四位二进制编码器。其中 74LS148 引脚排列如图 5-12 所示。

二、译码器

将含有特定意义的一组二进制代码按其所代表的原意翻译成对应输出信号，具有这种功能的逻辑电路称为译码器。译码是编码的反过程。根据逻辑功能的不同，译码器可分为二进制译码器、二—十进制译码器、代码转换器、显示译码器等。下面以二进制译码器和显示译码器为例，说明其逻辑功能和工作原理。

1. 二进制译码器

二进制译码器就是将二进制代码译成相应输出信号的电路。二进制译码器可分为 2-4 线译码器（74LS139）、3-8 线译码器（74LS138）和 4-16 线译码器（74LS154）等，其中 3-8 线译码器有 3 条输入线 A_0、A_1、A_2，可以输入 3 位二进制代码，有 8 条输出线 $\overline{Y_0} \sim \overline{Y_7}$。3-8 线译码器 74LS138 引脚如图 5-13 所示。

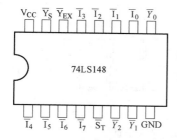

图 5-12　74LS148 引脚排列

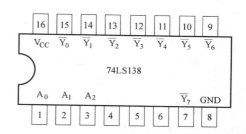

图 5-13　3-8 线译码器 74LS138 引脚

3-8 线译码器 74LS138 除了具有 3 路输入，8 路输出以外，还有 EN_1、$\overline{EN_{2A}}$、$\overline{EN_{2B}}$ 这 3 个使能端，其状态用以控制译码器的工作。当 $EN_1 = 1$，$\overline{EN_{2A}} = \overline{EN_{2B}} = 0$ 时，译码器正常工作；$EN_1 = 0$，$\overline{EN_{2A}} = \overline{EN_{2B}}$ 或 $\overline{EN_{2B}} = 1$，$EN_1 = \overline{EN_{2A}}$ 或 $\overline{EN_{2A}} = 1$，$EN_1 = \overline{EN_{2B}}$ 时，输出端均为高电平，不能译码。该译码器的输出是低电平有效，其真值表见表 5-19。

表 5-19　译码器 74LS138 的真值表

输入						输出							
EN_1	$\overline{EN_{2B}}$	$\overline{EN_{2A}}$	A_2	A_1	A_0	$\overline{Y_0}$	$\overline{Y_1}$	$\overline{Y_2}$	$\overline{Y_3}$	$\overline{Y_4}$	$\overline{Y_5}$	$\overline{Y_6}$	$\overline{Y_7}$
1	0	0	0	0	0	0	1	1	1	1	1	1	1
1	0	0	0	0	1	1	0	1	1	1	1	1	1
1	0	0	0	1	0	1	1	0	1	1	1	1	1
1	0	0	0	1	1	1	1	1	0	1	1	1	1
1	0	0	1	0	0	1	1	1	1	0	1	1	1
1	0	0	1	0	1	1	1	1	1	1	0	1	1
1	0	0	1	1	0	1	1	1	1	1	1	0	1
1	0	0	1	1	1	1	1	1	1	1	1	1	0
×	1	×	×	×	×	1	1	1	1	1	1	1	1
×	×	1	×	×	×	1	1	1	1	1	1	1	1
0	×	×	×	×	×	1	1	1	1	1	1	1	1

根据真值表写出各输出端的逻辑表达式如下：

$$\overline{Y_0} = \overline{\overline{A_2}\ \overline{A_1}\ \overline{A_0}} \qquad \overline{Y_1} = \overline{\overline{A_2}\ \overline{A_1}\ A_0} \qquad \overline{Y_2} = \overline{\overline{A_2}A_1\overline{A_0}} \qquad \overline{Y_3} = \overline{\overline{A_2}A_1A_0}$$

$$\overline{Y_4} = \overline{A_2\overline{A_1}\ \overline{A_0}} \qquad \overline{Y_5} = \overline{A_1\overline{A_1}A_0} \qquad \overline{Y_6} = \overline{A_2A_1\overline{A_0}} \qquad \overline{Y_7} = \overline{A_2A_1A_0}$$

2. 7 段数字显示译码器

数字显示译码器可以把数字、文字或符号的代码译成相应信号，并驱动显示器显示出该数字，其代表产品是 7 段数字显示译码器。7 段数字显示译码器在数字显示电路中应用比较广泛。它是将数字 0～9 通过 7 段笔画亮灭的不同组合来实现。7 段数字显示译码器笔画排列顺序如图 5-14 所示，利用 7 段数字显示译码器可以显示由 4 位二进制输入所表示的十进制数。

数码管的 7 段发光二极管内部接法可分为共阴极和共阳极两种。共阴极接法中，发光二极管的负极相连。a～g 引脚中，输入高电平的线段发光。共阳极接法中，发光二极管的正极相连。a～g 引脚中，输入低电平的线段发光。控制不同的发光段，可显示 0～9 不同的数字，如图 5-15 所示。

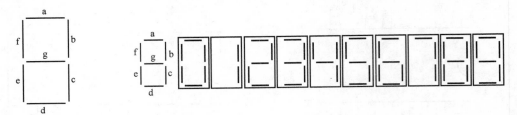

图 5-14 7 段数字显示译码器笔画排列顺序

图 5-15 数字显示器原理

常用的中规模集成 7 段数字显示译码器标准产品有 74LS47（共阳极）、74LS48（共阴极）等。74LS48 引脚分布图如图 5-16 所示。

图中，D、C、B、A 为 BCD 码输入端；a、b、c、d、e、f、g 为译码输出端；$\overline{LT}$ 为测试输入端，$\overline{LT} = 0$ 时，数码管 7 段全亮；$\overline{RBI}$ 为灭零输入端，$\overline{RBI} = 0$ 时，数字"0"不显示，即数码管 7 段全灭，数字 1～9 正常显示，$\overline{RBI} = 1$ 时，数字 0～9 正常显示；$\overline{RBO}$ 为灭零输出端，数字 0 不显示时，该引脚输出电平为 0，数字 0 正常显示时，该引脚输出电平为 1。

三、四人抢答器电路及其工作原理

1. 四人抢答器电路

四人抢答器电路如图 5-17 所示。

2. 四人抢答器工作原理

当清零电平输出开关为高电平时，抢答开始，如 $S_0 \sim S_3$ 有人抢答，经 74LS148 进行编码，经 RS 触发器输入端进行置"0"或"1"，由 74LS48 驱动数码管显示四个选手的抢答号。一轮结束后，将清零电平输出开关置为低电平进行清零，准备第二轮抢答，如此重复上述过程。

任务评价

四人抢答器的制作评分标准如表 5-20 所示。

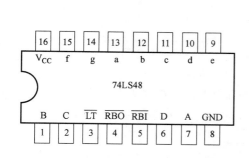

图 5-16　74LS48 引脚分布图

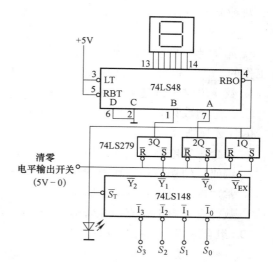

图 5-17　四人抢答器电路

表 5-20　四人抢答器的制作评分标准

考核项目	考核要求	评价标准	配分	自评分	互评分	师评分	分评总分	总评
仪器仪表使用	正确、规范使用万用表	万用表使用不正确,扣20分	20					
电路安装	1. 电路安装符合工艺要求 2. 在规定时间内独立完成电路装接,电路接线正确,布局合理	1. 电路安装正确、完整,一处不符合扣10分 2. 元器件安装符合工艺要求,一处不符扣5分 3. 元器件完好无损,损坏元器件每只扣3分	50					
课堂活动的参与度	积极参与课堂组织的讨论、思考、操作和回答提问	1. 不积极思考或没参加小组讨论、没回答提问,视情况扣5~10分 2. 不参加小组操作,扣10分	20					
安全文明实训	遵守实训室管理要求,保持实训环境整洁	1. 违反管理要求,视情况扣5分 2. 未保持环境整洁和清洁,扣5分	10					

注:分评总分 = 自评分 ×20% + 互评分 ×30% + 师评分 ×50%。

思考与练习

一、填空题

1. 数字信号的基本工作信号是____进制的数字信号,对应在电路上需要在____种不同状态下工作,即____和_____。

2. 逻辑代数又称为_____,它是利用_____制中的____和_____表示电路中相互对

立的两种基本状态。数字电路研究的逻辑关系是指 _____

_____。

3. 晶体管在数字电路中主要工作在_____状态，由于二极管的单向导通特性，晶体管工作的_____和_____两种状态，相当于 0 和 1。

4. 数字电路中最基本的逻辑门电路是_____、_____、_____。

5. 二进制数只有____和____两个代码，基数是____，相邻位数之间采用_____的计数规则。

6. 组合逻辑电路是由____门、____门和____门等几种基本门电路组合而成的。

7. 编码器的功能是把输入的信号（如_____、____和____）转换为____数码。

8. 常用的集成组合逻辑电路有_____、_____。

9. 数码管按内部发光二极管的接法不同可分为_____和_____两种。

10. 组合逻辑电路在任何时刻的输出与电路原状态_____关。

11. 8421 码是一种有权码，从左至右每一位的_____值分别是十进制数_____、____、和_____。

二、选择题

1. 把 $(48)_{10}$ 转换为二进制，把 111011 转换成十进制数是（　　）。

　A. 110000、59　　　　　B. 101110、49　　　　　C. 111000、54　　　　　D. 11100、57

2. 三个变量的逻辑函数，所有的输入组合有（　　）。

　A. 10 种　　　　　　　B. 8 种　　　　　　　　C. 4 种　　　　　　　　D. 16 种

3. 当显示器的 7 段发光二极管全亮时，显示器显示的数码是（　　）。

　A. 0　　　　　　　　　B. 1　　　　　　　　　C. 7　　　　　　　　　D. 8

4. 与逻辑关系的表达式为（　　）。

　A. $Y = A + B$　　　　　B. $Y = AB$　　　　　C. $Y = \overline{AB}$　　　　　D. $Y = \overline{A + B}$

5. 或逻辑关系的表达式为（　　）。

　A. $Y = A + B$　　　　　B. $Y = AB$　　　　　C. $Y = \overline{AB}$　　　　　D. $Y = \overline{A + B}$

6. 非逻辑关系的表达式为（　　）。

　A. $Y = A + 1$　　　　　B. $Y = A$　　　　　C. $Y = \overline{AB}$　　　　　D. $Y = \overline{A}$

7. 与逻辑关系为（　　）。

　A. 输入有 1，输出为 1　　　　　　　　　　B. 输入有 0，输出为 0

　C. 输入全 1，输出为 0　　　　　　　　　　D. 输入有 0，输出为 1

8. 或逻辑关系为（　　）。

　A. 输入有 1，输出为 1　　　　　　　　　　B. 输入有 0，输出为 0

　C. 输入全 1，输出为 0　　　　　　　　　　D. 输入有 0，输出为 1

9. 非逻辑关系为（　　）。

　A. 输入有 1，输出为 1　　　　　　　　　　B. 输入有 0，输出为 0

　C. 输入全 1，输出为 1　　　　　　　　　　D. 输入为 0，输出为 1

10. 根据逻辑代数基本定律可知 $A + BC = $（　　）。

　A. A　　　　　　　　　　　　　　　　　B. $AB + AC$

C. $A(B+C)$ D. $(A+B)(A+C)$

11. 下列逻辑表达式化简结果错误的是（   ）。

A. $A+1=A$ B. $A+AB=A$ C. $A \cdot 1=A$ D. $A \cdot A=A$

12. 十进制数 4 用 8421 码表示为（   ）。

A. 100   B. 0100   C. 0011   D. 11

13. 能将输入信息转变为二进制代码的电路为（   ）。

A. 编码器   B. 译码器   C. 数据选择器   D. 数据分配器

三、简答题

1. 什么是与逻辑关系？写出其真值表。

2. 什么是或逻辑关系？写出其真值表。

3. 什么是与非逻辑关系？写出其真值表。

4. 什么是或非逻辑关系？写出其真值表。

5. 分别画出与门、或门、非门的图形符号，并写出它们的逻辑表达式。

6. 分别画出与非门、或非门的符号，并写出它们的逻辑表达式。

7. 根据图 5-18 所示电路分别写出相应的逻辑表达式。

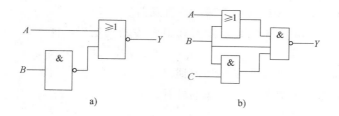

a)   b)

图 5-18　逻辑门电路

项目六   数字秒表电路

本项目就是通过制作数字秒表来学习 RS 触发器、JK 触发器、D 触发器逻辑电路组成及图形符号以及计数器电路的组成及工作原理。

任务一   触发器功能测试

任务目标

知识目标

1）掌握基本 RS 触发器的电路组成、图形符号及逻辑功能。

2）掌握 JK 触发器、D 触发器的电路特点及逻辑功能。

技能目标

1）会用 74LS00 或 CC4011 制作基本 RS 触发器。

2）会测试基本 RS 触发器、JK 触发器和 D 触发器的逻辑功能。

素质目标

1）培养学生独立思考、动手操作的习惯。

2）养成学生互助、互学及协同工作的精神。

任务描述

触发器是一种具有记忆功能的数字逻辑电路，它具备两种稳定状态，这两种稳定状态可以分别代表二进制数码"0"和"1"，如果外加合适的触发信号，这两种状态可以相互转换。本任务就是用数字集成电路 CC4011 制作基本 RS 触发器以及测试基本 RS 触发器、JK 触发器和 D 触发器的逻辑功能。

任务实施

一、工具及材料准备

1）数字集成电路：CC4011、CC4027、CC4013。

2）数字电子——实验箱、万用表、连接导线若干。

二、基本 RS 触发器逻辑功能测试

1. 电路连接

在熟悉数字集成电路 CC4011 各引脚的情况下，利用 CC4011 制作一个基本 RS 触发器。注意分清制作一个基本 RS 触发器后的引脚 $\overline{R}$、$\overline{S}$、$\overline{Q}$ 和 Q。

2. RS 触发器功能测试

按表 6-1 输入要求完成测试，并将输出结果填入表 6-1 中。

表 6-1　基本 RS 触发器逻辑功能测试

输　入		Q_n	输　出	
$\overline{R}$	$\overline{S}$	Q_n	Q_{n+1}	$\overline{Q_{n+1}}$
0	1	0		
1	0	0		
1	1	0		
0	0	0		
0	1	1		
1	0	1		
1	1	1		
0	0	1		

三、JK 触发器逻辑功能测试

1. 电路连接

在熟悉 JK 触发器集成电路 CC4027 各引脚的情况下，正确连接测试电路。

2. JK 触发器逻辑功能测试

按表 6-2 输入要求完成测试，并将输出结果填入表 6-2 中。

表 6-2　JK 触发器逻辑功能测试

$Q_n = 0$						$Q_n = 1$					
输入				CP	Q_{n+1}	输入				CP	Q_{n+1}
$\overline{R}$	$\overline{S}$	J	K			$\overline{R}$	$\overline{S}$	J	K		
0	1	×	×	×		0	1	×	×	×	
1	0	×	×	×		1	0	×	×	×	
0	0	0	0	0		0	0	0	0	0	
0	0	0	0	↑		0	0	0	0	↑	
0	0	0	0	↓		0	0	0	0	↓	
0	0	0	1	0		0	0	0	1	0	
0	0	0	1	↑		0	0	0	1	↑	
0	0	0	1	↓		0	0	0	1	↓	
0	0	1	0	0		0	0	1	0	0	
0	0	1	0	↑		0	0	1	0	↑	
0	0	1	0	↓		0	0	1	0	↓	
0	0	1	1	0		0	0	1	1	0	
0	0	1	1	↑		0	0	1	1	↑	
0	0	1	1	↓		0	0	1	1	↓	

四、D 触发器逻辑功能测试

1. 电路连接

在熟悉 D 触发器集成电路 CC4013 各引脚的情况下，正确连接测试电路。

2. D 触发器逻辑功能测试

按表 6-3 输入要求完成测试，并将输出结果填入表 6-3 中。

表 6-3 D 触发器逻辑功能测试

| $Q_n = 0$ | | | | | $Q_n = 1$ | | | | |
| 输入 | | D | CP | Q_{n+1} | 输入 | | D | CP | Q_{n+1} |
$\overline{R}$	$\overline{S}$				$\overline{R}$	$\overline{S}$			
0	1	×	×		0	1	×	×	
1	0	×	×		1	0	×	×	
0	0	0	0		0	0	0	0	
0	0	0	↑		0	0	0	↑	
0	0	0	↓		0	0	0	↓	
0	0	1	0		0	0	1	0	
0	0	1	↑		0	0	1	↑	
0	0	1	↓		0	0	1	↓	

知识链接

一、基本 RS 触发器

1. 基本 RS 触发器的电路组成及图形符号

基本 RS 触发器可由两个"与非"门的输入、输出端交叉连接而成，其电路组成如图 6-1a 所示。基本 RS 触发器的图形符号如图 6-1b 所示。

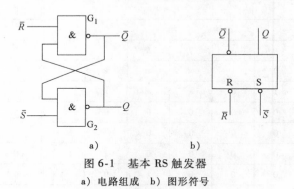

图 6-1 基本 RS 触发器

a）电路组成 b）图形符号

2. 基本 RS 触发器的逻辑功能

在基本 RS 触发器电路中，$\overline{R}$ 与 $\overline{S}$ 是输入端，Q 与 $\overline{Q}$ 是输出端，输出端的逻辑状态在正常条件下能保持相反。基本 RS 触发器有两种稳定状态，一个状态是：$Q = 1$，$\overline{Q} = 0$，称为"置位"态（"1"态）；另一个状态是：$Q = 0$，$\overline{Q} = 1$，称为"复位"态（"0"态）。基本 RS 触发器的逻辑功能如表 6-4 所示。

3. 引脚图

常用与非门数字集成电路除了 TTL 门电路中的 74LS00 之外，还有 CMOS 门电路中的 CC4011。数字集成电路 CC4011 的引脚图如图 6-2 所示。

表 6-4 基本 RS 触发器的逻辑功能

$\bar{R}$	$\bar{S}$	Q_n	Q_{n+1}	
0	1	1	0	置 0
		0	0	
1	0	0	1	置 1
		1	1	
1	1	0	0	保持
		1	1	
0	0	0	×	不定
		1	×	

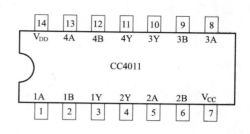

图 6-2　CC4011 引脚图

二、JK 触发器

1. JK 触发器的电路组成及图形符号

JK 触发器如图 6-3 所示。

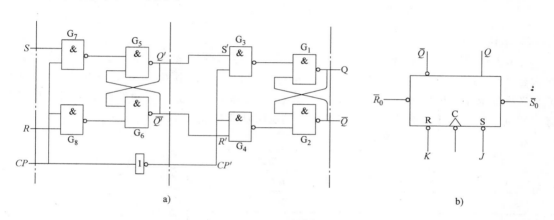

图 6-3　JK 触发器

a）电路组成　b）图形符号

2. JK 触发器的逻辑功能

1）当主从 JK 触发器的输入端 J 和 K 状态不同时，触发器在 CP 脉冲的触发下翻转情况不同，只有在 $J = K = 1$ 时，有一个 CP 脉冲到来，在 CP 脉冲作用下触发器才总是翻转。

2）在主从 JK 触发器中，无论输入端 J 和 K 是什么样的输入组合形式，只要有 CP 脉冲的作用，JK 触发器的输出端输出状态都是确定的，所以 JK 触发器没有约束条件。

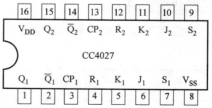

图 6-4　CC4027 引脚图

3. 引脚图

CC4027 为 JK 触发器数字集成电路，CC4027 的引脚图如图 6-4 所示。

三、D 触发器

1. D 触发器的电路组成及图形符号

D 触发器如图 6-5 所示。它是将 JK 触发器 J 端信号通过非门 G 接到 K 端，这样使 $K =$

$\bar{J}$，触发器的输入信号从 J 端加入，这就构成了 D 触发器。

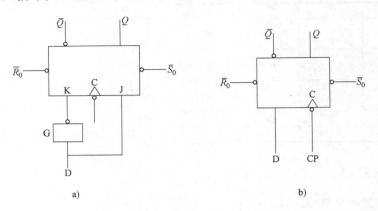

图 6-5 D 触发器

a）电路组成 b）图形符号

2. 工作原理

当 $CP=0$ 时，触发器不工作，处于维持状态。控制信号让输入端无效，不用考虑输出的状态。当 $CP=1$ 时，它的功能为：当 $D=0$ 时，次态 $=0$；当 $D=1$ 时，次态 $=1$，由此可见，当触发器工作时它的次态由输入控制函数 D 来确定，故此，D 触发器的逻辑功能就只有"置0"和"置1"两种稳定工作状态，其逻辑功能如表 6-5 所示。

表 6-5 D 触发器逻辑功能表

D	Q_{n+1}	逻辑功能
0	0	置 0
1	1	置 1

3. 引脚图

CC4013 为 D 触发器数字集成电路，CC4013 的引脚图如图 6-6 所示。

图 6-6 CC4013 引脚图

任务评价

触发器功能测试评分标准如表 6-6 所示。

表 6-6 触发器功能测试评分标准

考核项目	考核要求	评价标准	配分	自评分	互评分	师评分	分评总分	总评
基本 RS 触发器制作	正确、规范使用万用表	万用表使用不正确,扣 20 分	20					
触发器功能测试	1. 电路安装符合工艺要求 2. 在规定时间内独立完成电路装接,电路接线正确,布局合理	1. 电路安装正确、完整,每处不符合扣 10 分 2. 元器件安装符合工艺要求,每处不符扣 5 分 3. 元器件完好无损,损坏元器件每只扣 3 分	50					

（续）

考核项目	考核要求	评价标准	配分	自评分	互评分	师评分	分评总分	总评
课堂活动的参与度	积极参与课堂组织的讨论、思考、操作和回答提问	1. 不积极思考或没参加小组讨论、没回答提问，视情况扣 5 ~ 10 分 2. 不参加小组操作，扣 10 分	20					
安全文明实训	遵守实训室管理要求，保持实训环境整洁	1. 违反管理要求，视情况扣 5 分 2. 未保持环境整洁和清洁，扣 5 分	10					

注：分评总分 = 自评分 ×20% + 互评分 ×30% + 师评分 ×50% 。

任务二　十进制计数器电路的制作与调试

任务目标

知识目标

1）掌握二进制、十进制计数器的电路组成及其工作原理。

2）了解集成计数器构成十进制计数器的方法。

技能目标

1）会利用 JK 触发器制作十进制加法计数器电路。

2）会利用集成计数器制作十进制计数器电路，并能对电路进行调试。

素质目标

1）培养学生独立思考、动手操作的习惯。

2）养成学生互相学习、协同工作的精神。

任务描述

计数器是数字系统中具有记忆功能的一种电路，用以计算输入脉冲的累计个数，实现计数操作功能。计数器主要作用是计数、定时、分频和执行运算等功能，因此应用极为广泛。本任务就是通过制作和调试十进制计数器电路学习二进制、十进制计数器的电路组成及其工作原理。十进制计数器电路元器件布置图如图 6-7 所示。

图 6-7　十进制计数器电路元器件布置图

任务实施

一、工具及材料准备

1）直流稳压电源、低频信号发生器、数字电子实验箱、万用表、焊接工具一套。

2）十进制计数器电路元器件明细表如表 6-7 所示。

表 6-7　十进制计数器电路元器件明细表

序号	名　称	规　格	数　量
1	电阻器 R	100Ω	7
2	计数器	74LS290	1
3	译码器	74LS248	1
4	数码管	7 段显示	1
5	JK 触发器	CC4027	2
6	16 脚集成块插座		1
7	万用板	55mm×45mm	1
8	连接导线		若干

二、检测与筛选元器件

对电路中使用的元器件进行检测与筛选。

三、制作十进制计数器电路

1. 利用 JK 触发器装接十进制计数器电路

按图 6-9 在数字电子实验箱上进行装接。4 个 JK 触发器用数字集成电路 CC4027 实现。

2. 利用数字集成电路 74LS290 制作十进制计数器电路

按图 6-11 在万用板上对各部分电路进行装配，装配工艺要求为：

1）集成插座底部贴紧万用板。

2）电阻器均采用卧式安装，要求贴紧万用板，电阻器色环方向应一致。

3）布线合理、正确。

4）焊接方法规范，焊点合格，无漏焊、虚焊、假焊和短路现象。

四、自检

装配完成后首先进行自检，正确无误后才能进行调试。

1. 焊接检查

检查电路有无漏焊、错焊、虚焊、假焊或松动等问题。

2. 元器件检查

重点检查集成插座引脚有无接错、短路和断路问题。

3. 接线检查

对照电路图检查接线是否正确，有无接错，是否有碰线、短路、断路现象等。

五、调试要求及方法

1. 集成计数器 74LS290 性能测试

（1）异步置零功能的测试　接好数字集成电路的电源和地，复位端均接高电平，置位端任一一个接低电平，则输出端应均为低电平。

（2）预置数功能的测试　将其中一个复位端接低电平，置位端均接高电平，则输出端的状态应为 1001。

（3）计数功能测试　将 R_{01}（或 R_{02}）、S_{92}（或 S_{91}）接低电平，其他各输入端为任意，CP_0 输入单脉冲，记录输出端状态，应是每输入一个脉冲，计数器输出端 Q_0 状态就改变一次。若将 Q_0 输出端与 CP_1 相接，时钟脉冲由 CP_0 输入，则计数器将进行十进制计数，计数器输入 10 个脉冲后，输出端 $Q_3 \sim Q_0$ 就应变为 0000，此时 Q_3 端输入一个低电平脉冲，作为向高位的进位脉冲，从而实现十进制计数。将测试结果填入表 6-8 中。

表 6-8　74LS290 功能测试表

复位/置位输入				输　出			
R_{01}	R_{02}	S_{91}	S_{92}	Q_3	Q_2	Q_1	Q_0
1	1	0	*				
1	1	*	0				
*	0	1	1				
0	*	1	1				
*	0	0	*				
0	*	*	0				
*	0	*	0				
0	*	0	*				

2. 整体测试

在 CP_0 端输入 1Hz 计数脉冲，观察数码显示器数字的状态变化，并做好计数器状态变化记录。

知识链接

一、计数器的功能与分类

1. 计数器的功能

累计输入脉冲个数的电路称为计数器。计数器的基本功能是计算输入脉冲个数。除此之外，它还广泛应用于定时、分频、信号产生、逻辑控制等，是数字电路中不可缺少的逻辑部件。

2. 计数器的分类

计数器的种类很多，分类方法也不同。按计数的进制不同，可分为二进制计数器、十进制计数器以及 N 进制计数器，其中二进制计数器是各种计数器的基础；按运算功能不同，可分为加法计数器、减法计数器和可逆计数器；按计数过程中各触发器翻转次序不同，可分为同步计数器和异步计数器等。触发器是组成计数器的基本单元。在实际使用中，计数器已经广泛采用数字集成电路。

二、三位异步二进制加法计数器

1. 电路组成

如图 6-8 所示就是一个由 3 个 JK 触发器组成的三位异步二进制加法计数器，低位的输出端 Q 接到高一位的控制端 C 处，只有最低位 FF_0 的 C 端接收计数脉冲 CP。每个触发器的 J、K 端悬空，相当于 $J = K = 1$，处于计数状态。当每个触发器的控制端 C 接收到由 1 变为 0 的负跳变信号时，触发器的状态就翻转。

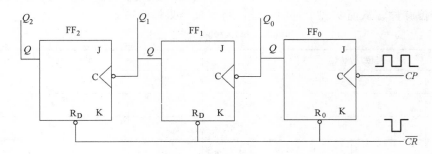

图 6-8　三位异步二进制加法计数器

2. 工作原理

计数器工作前应先清零。使 $\overline{CR} = 0$，则 $Q_2 Q_1 Q_0 = 000$。

当第一个 CP 脉冲的下降沿到来时，FF_0 翻转，即 Q_0 由 0 变为 1。而 Q_0 的正跳变信号对触发器 FF_1 不起作用，FF_1 保持原态不变，FF_2 也保持原态，计数器的状态为 001。

当第二个 CP 脉冲的下降沿到来时，FF_0 又翻转，即 Q_0 由 1 变为 0。这时，Q_0 的负跳变信号作用到 FF_1 的 C 端，FF_1 状态翻转，Q_1 由 0 变为 1。Q_1 的正跳变信号对 FF_2 不起作用，FF_2 仍保持原态。计数器的状态为 010。

按此规律，随计数脉冲 CP 地不断输入，每输入一个 CP 脉冲，Q_0 的状态就改变一次；而 Q_2、Q_1 的状态仅在低一位的输出状态由 1 变为 0 时才发生翻转。当第 7 个 CP 脉冲输入后，计数器的状态为 111，再输入一个 CP 脉冲，计数器的状态又恢复为 000。从表 6-9 中可看出，计数器是递增计数的，所以称为加法（递增）计数器。

表 6-9　三位二进制异步加法计数器状态表

输入 CP 脉冲序号	计数器状态		
	Q_2	Q_1	Q_0
0	0	0	0
1	0	0	1
2	0	1	0
3	0	1	1
4	1	0	0
5	1	0	1
6	1	1	0
7	1	1	1
8	0	0	0

三、异步十进制加法计数器

按照十进制运算规律进行计数的计数器称为十进制计数器。十进制计数器可分为十进制加法计数器和十进制减法计数器。随着计数脉冲的输入进行加法计算的称为加法计数器，进行减法计算的称为减法计数器。

1. 异步十进制加法计数器的电路组成

如图 6-9 所示，异步十进制加法计数器由 4 个负边沿触发的 JK 触发器组成，其中 FF_3 的输入端 J 的信号，是 Q_1、Q_2 的逻辑与，FF_3 的输出信号 $\overline{Q}$ 反馈到 FF_1 的 J 端。

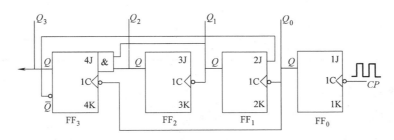

图 6-9　异步十进制加法计数器

2. 工作原理

计数前，电路应先清零，使 $Q_3 = Q_2 = Q_1 = Q_0 = 0$。此时 $\overline{Q_3} = 1$，FF_1 的输入端 $J = \overline{Q_3} = 1$，可见触发器 FF_0、FF_1、FF_2 均处于计数状态。

当第 1 个 CP 到来，由于 $J_0 = K_0 = 1$，所以，$Q_0 = 1$。Q_0 由 0 为 1，FF_1 的 CP 下降沿没有到来，Q_1 仍为 0，以此类推，$Q_2 = Q_3 = 0$。计数器状态变为 0001。

当第 2 个 CP 到来，Q_0 由 1 变为 0，FF_1 的 CP 下降沿到来，因为 $J_1 = \overline{Q_3} = 1$，可知 $Q_1 = 1$，$Q_2 = Q_3 = 0$。计数器状态变为 0010。综上所述，计数器从 0000 起，到 0111 为止，工作过程与述的三位异步二进制加法计数器完全相同。而当计数器的状态 $Q_3Q_2Q_1Q_0 = 0111$ 时，因 Q_1、Q_2 为 1，FF_3 的 J 端信号 $Q_2Q_1 = 1$，FF_3 为计数状态。第 8 个 CP 脉冲到来后，$FF_0 \sim FF_2$ 的状态，先后由 1 变为 0。同时，Q_0 的负跳变信号加到 FF_3 的输入端，使 Q_3 由 0 变为 1，计数器的状态为 1000。当第 9 个 CP 脉冲到来后，FF_0 翻转为 1 态，其余各位触发器保持原态不变，计数器状态为 1001。此时，FF_1 的输入 $J = \overline{Q_3} = 0$，FF_1 被封锁，它保持 0 态不变，而 FF_3 的输入端 $J = Q_2Q_1 = 0$，FF_3 将在 CP 脉冲的作用下，翻转为 0 态。由此可见，第 10 个 CP 脉以来后，FF_0 的状态由 1 变为 0，它的输出的负跳变脉冲使 FF_3 由 1 变为 0，而 FF_1 因 $J = 0$ 而保持 0 态不变，FF_2 亦保持 0 态。此时，计数器的状态恢复为 0000，跳过了 1010 ~ 1111 6 个状态。同时，Q_3 由 1 变为 0 即向高一位输出一个负跳变进位脉冲，从而完成了一个十进制计数的全过程。异步十进制加法计数器状态表如表 6-10 所示。

表 6-10　异步十进制加法计数器状态表

CP 序号	Q_3	Q_2	Q_1	Q_0
0	0	0	0	0
1	0	0	0	1

（续）

CP 序号	Q_3	Q_2	Q_1	Q_0
2	0	0	1	0
3	0	0	1	1
4	0	1	0	0
5	0	1	0	1
6	0	1	1	0
7	0	1	1	1
8	1	0	0	0
9	1	0	0	1
10	0	0	0	0

四、集成计数器

随着电子技术的不断发展，功能完善的集成计数器得到大量生产和使用。集成计数器的种类很多，这里介绍一种常用的异步十进制计数器74LS290。74LS290是二—五—十进制计数器，其引脚排列图如图6-10所示。若将输入时钟脉冲 CP 接于 $\overline{CP_0}$ 端，并将 $\overline{CP_1}$ 端与 Q_0 端相连，便构成8421编码异步十进制加法计数器。74LS290还具有置0和置9功能，其功能表如表6-10所示。

利用74LS290构成十进制计数器的电路图如图6-11所示。

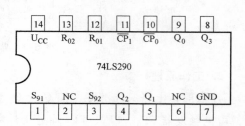

图 6-10　74LS290 引脚排列图

表 6-11　74LS290 功能表

复位/置位输入				输　　出			
R_{01}	R_{02}	S_{91}	S_{92}	Q_3	Q_2	Q_1	Q_0
1	1	0	×	0	0	0	0
1	1	×	0	0	0	0	0
×	0	1	1	1	0	0	1
0	×	1	1	1	0	0	1
×	0	0	×	计数			
0	×	×	0	计数			
×	0	×	0	计数			
0	×	0	×	计数			

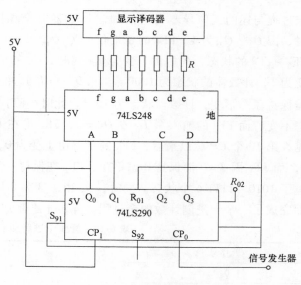

图 6-11　十进制计数器电路图

十进制计数器电路的制作与调试评分标准如表6-12所示。

表6-12 十进制计数器电路的制作与调试评分标准

考核项目	考核要求	评价标准	配分	自评分	互评分	师评分	分评总分	总评
电路装接	电路装接正确	1. 电路接线错误,扣5分 2. 操作失误,每次扣3分	15					
电路安装	1. 电路制作、安装符合工艺要求 2. 在规定时间内独立完成电路装接,电路接线正确,布局合理	1. 电路布局不合理,扣15分 2. 电路安装正确、完整,一处不符合扣10分 3. 电路有漏接、虚焊、假焊,每处扣3分 4. 元器件安装符合工艺要求,一处不符扣5分 5. 元器件完好无损,损坏元器件每只扣3分	40					
电路测试	正确测试计数器	1. 关键点点位不正常,扣10分 2. 计数器测试不正确,扣10分	15					
仪器仪表使用	正确、规范使用万用表	万用表使用不正确,扣10分	10					
课堂活动的参与度	积极参与课堂组织的讨论、思考、操作和回答提问	1. 不积极思考或没参加小组讨论、没回答提问,视情况扣2～10分 2. 不参加小组操作,扣5分	10					
安全文明实训	遵守实训室管理要求,保持实训环境整洁	1. 违反管理要求,视情况扣5分 2. 未保持环境整洁和清洁,扣5分	10					

注:分评总分 = 自评分 ×20% + 互评分 ×30% + 师评分 ×50%。

知识拓展

寄存器

在数字系统和电子计算机中,常需要把一些数码和运算结果储存起来,这种储存数码的逻辑部件称为寄存器。

寄存器按功能可分为数码寄存器和移位寄存器。数码寄存器只能储存数码,以便在需要时取出;移位寄存器不但能够储存数码,而且能把数码按顺序依次左移、右移或双向移动。

按照数据的储存方式,寄存器又有并行输入和串行输入之分。并行输入是指多位数据在写入命令的作用下同时存入寄存器,而串行输入是指多位数据在时钟脉冲的作用下依次移位,逐个存入寄存器。寄存器的输出方式也有并行输出和串行输出两种,并行输出是指寄存器内的数据同时向外输出,而串行输出是指寄存器内的数据依次逐个输出。

一、数码寄存器

图 6-12 是一个由边沿 D 触发器组成的 4 位数码寄存器的电路图。

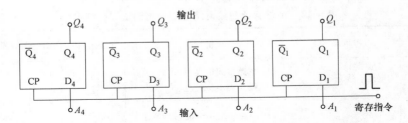

图 6-12　4 位数码寄存器电路图

数码 A_1、A_2、A_3、A_4 已被送到相应触发器的 D 端。当寄存指令（正脉冲）来到后，数码送到触发器。4 个触发器输出端 Q_1、Q_2、Q_3、Q_4 的电平分别等于输入端 D_1、D_2、D_3、D_4 的电平，这时数码 A_1、A_2、A_3、A_4 就被寄存起来。只要没有新的寄存指令，触发器的状态就不会改变。换言之，数码 A_1、A_2、A_3、A_4 在寄存器中一直保持到下一个寄存指令到达时为止。

二、移位寄存器

图 6-13 所示为 4 个边沿 D 触发器构成的既可串行输入也可并行输入，既可串行输出也可并行输出的 4 位左移寄存器。移位器的功能分析如下。

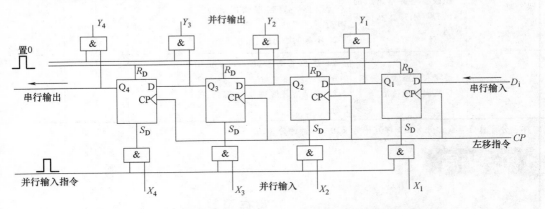

图 6-13　4 位串/并输入、串/并输出移位寄存器

1. 输入方式

1）当输入为并行输入方式时，在并行输入前，首先由清零脉冲作用在 R_D 上，使各触发器清零，即 $Q_4Q_3Q_2Q_1 = 0000$。设并行输入信号 $X_4X_3X_2X_1 = 1011$，在并行输入命令高电平作用下，下方的 4 个与门被打开，数据被送到 S_D 端，使 $Q_4Q_3Q_2Q_1 = 1011$，完成数据的并行输入。

2）当输入为串行输入方式时，开始时设 $Q_4Q_3Q_2Q_1 = 0000$，串行输入信号仍设为 1011，第一个 CP 上升沿到来后，数据的高位 "1" 被送到 Q_1；第二个 CP 上升沿到来后，Q_1 的 "1" 被送到 Q_2，同时次高位 "0" 送到 Q_1。每来一个 CP，数据依次向寄存器存入一位，同时，寄存器内的数据也左移一位。4 个 CP 之后，数据输送完毕，$Q_4Q_3Q_2Q_1 = 1011$，完成数据的串行输入。由此可见，每当一个 CP 到来之后，Q_3、Q_2、Q_1 的数码分别送至 Q_4、Q_3、Q_2，亦即低位数码依次向高位移动一位，从而实现左移功能。

2. 输出方式

1）当输出为并行输出方式时，数据存入寄存器后，在读命令的作用下，上方的 4 个与门电路 $Y_4Y_3Y_2Y_1$ 被打开，此时，$Y_4Y_3Y_2Y_1 = Q_4Q_3Q_2Q_1$。寄存器内的数据同时读出。

2）当输出为串行输出方式时，Q_4 为串行输出端，数据存入寄存器后，Q_4 是最高位数码。第一个 CP 到来后，整个数据左移一位，次高位数码送至 Q_4，最高位数码被取出。依次类推，整个数据依次逐个在 Q_4 串行输出。该移位寄存器仅具有左移功能，此外还有右移寄存器以及既可左移又可右移的双向寄存器。

任务三　数字秒表的制作与调试

任务目标

知识目标

1）了解六十进制计数器电路结构。

2）掌握数字秒表的电路组成及其工作原理。

技能目标

1）会使用 74LS390、构成六十进制计数器。

2）能利用集成计数器 74LS390 设计任意进制计数器。

3）会制作数字秒表。

素质目标

1）培养学生独立思考、动手操作的习惯。

2）养成学生互相学习、协同工作的精神。

任务描述

计数器是数字系统中具有记忆功能的一种常见电路。本任务就是通过制作与调试数字秒表进一步熟悉和掌握计数器、译码显示器等有关知识。数字秒表元器件布置图如图 6-14 所示。

图 6-14　数字秒表元器件布置图

任务实施

一、工具及材料准备

本任务所需的工具和器材如表 6-13 所示。

表 6-13　制作数字秒表所需的工具和器材

序号	名　称	规　格	数　量
1	电阻器 R	1kΩ	14
2	微调电位器 RP	2kΩ	1
3	十进制计数器	74LS390	2
4	7 段显示译码器	74LS48	1
5	共阴极 7 段数码管	BS205	2
6	示波器	ST-16 型	1
7	焊接工具	30W/220V	1
8	焊料、助焊剂		若干
9	万用表	MF47	1
10	钮扣开关		2
11	万用板		1
12	频率计		1

二、检测与筛选元器件

对电路中使用的元器件进行检测与筛选。

三、装配电路

按照图 6-17 所示在万用板上对各部分电路进行装配，装配工艺要求为：

1）集成插座底部贴紧万用板。

2）电阻器均采用卧式安装，要求贴紧万用板，电阻器色环方向应一致。

3）电容器均采用垂直安装，要求电解电容器底部紧贴万用板不能歪斜，注意极性不能接错。无极性电容器底部离万用板 3 ~ 5mm。

4）布线合理、正确。

5）焊接方法规范，焊点合格，无漏焊、虚焊、假焊和短路现象。

四、自检

装配完成后首先进行自检，正确无误后才能进行调试。

1. 焊接检查

检查电路有无漏焊、错焊、虚焊、假焊或松动等问题。

2. 元器件检查

重点检查集成插座引脚有无接错、短路和断路问题。

3. 接线检查

对照电路图检查接线是否正确，有无接错，是否有碰线、短路、断路现象等。

4. 通电调试

1）利用多谐振荡器，使输出的信号振荡频率为1Hz，用示波器观测输出的秒信号。

2）接通电路电源（5V），利用清零开关清零，使两个数码显示器显示为"0"。

3）将秒信号接入脉冲输入端，观察显示器显示的计数状态。

4）记录秒表的秒信号发生器的输出，以0～60为一个周期，共记下3个周期的总时间，然后将这个总时间跟手机计时器的180s比较。

5）若有误差，调节多谐振荡器电位器，可降低秒表计时误差。经多次调试，直至秒表计时准确。

五、校时

将秒表的秒信号发生器输出频率与频率计对照，调节电位器RP，使输出频率为1Hz。

一、六十进制计数器

六十进制计数器实际上是一种秒计数器，六十进制计数器可由74LS390和一个与非门（74LS08）实现。74LS390引脚排列图如图6-15所示。六十进制计数器接线原理图如图6-16所示。

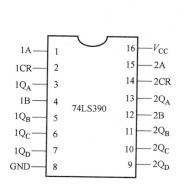

图6-15 74LS390引脚排列图

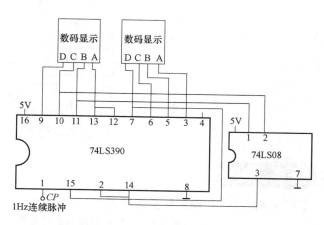

图6-16 六十进制计数器接线原理图

在图6-16电路中，74LS390的第7脚（个位最高位）接至第15脚（十位触发端），第10、11脚通过与门反馈到两个CP清零端，第12脚和第13脚连接，这样就构成了六十进制计数器电路。

二、数字秒表

数字秒表是一种简单的秒计时器，可实现手控记秒、停摆和清零功能。其原理框图如图6-17所示，它由秒信号发生器、秒计数器、控制电路、译码电路、数码显示器5部分组成。

秒信号发生器产生标准的秒脉冲信号，秒脉冲送入秒计时器计数，计数结果通过译码电路和数码显示器显示秒数。其中秒信号发生器是由集成 555 定时器组成的多谐振荡器，输出频率 $f = 1\text{Hz}$ 的脉冲信号。数字秒表系统连接图如图 6-18 所示。

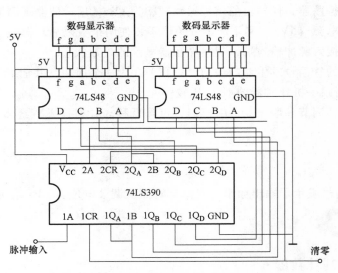

图 6-17　数字秒表原理框图

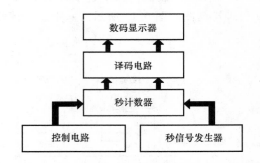

图 6-18　数字秒表系统连接图

任务评价

数字秒表的制作与调试评分标准如表 6-14 所示。

表 6-14　"数字秒表的制作与调试"评分标准

考核项目	考核要求	评价标准	配分	自评分	互评分	师评分	分评总分	总评
电路装配	1. 电路安装符合工艺要求 2. 在规定时间内独立完成电路装接，电路接线正确，布局合理	1. 电路安装正确、完整，一处不符合扣 5 分；布线不合理扣 5 分 2. 元器件安装符合工艺要求，一处不符扣 3 分 3. 元器件极性安装错误，一处扣 5 分 4. 元器件完好无损，损坏元器件每只扣 3 分	45					

（续）

考核项目	考核要求	评价标准	配分	自评分	互评分	师评分	分评总分	总评
电路调试	正确测试秒计数信号	关键点不正常,每处扣 5 分	25					
课堂活动的参与度	积极参与课堂组织的讨论、思考、操作和回答提问	1. 不积极思考或没参加小组讨论、没回答提问,视情况扣 5 ~ 10 分 2. 不参加小组操作,扣 10 分	20					
安全文明实训	遵守实训室管理要求,保持实训环境整洁	1. 违反管理要求,视情况扣 2 ~ 5 分 2. 未保持环境整洁和清洁,扣 5 分	10					

注：分评总分 = 自评分 ×20% + 互评分 ×30% + 师评分 ×50%。

思考与练习

一、填空题

1. 触发器具备_____种稳定状态，即_____状态和_____状态。

2. 根据逻辑功能不同，可将触发器分为_____、_____和_____。

3. 通常规定触发器 Q 端状态为触发器状态，如 $Q = 0$ 与 $\overline{Q} = 1$ 时称为_____态，$Q = 1$ 与 $\overline{Q} = 0$ 时称为_____态。

4. 基本 RS 触发器中 R 端、S 端为_____电平触发。R 端触发时，触发器状态为____态，因此 R 端称为_____端；S 端触发时，触发器状态为_____态，因此 S 端称为_____端。

5. D 触发器具有置_____和置_____功能。

6. JK 触发器具有保持、置_____、置 0 和_____的逻辑功能。用 JK 触发器要实现 $Q^{n+1} = \overline{Q^n}$ 的功能，应使 J 为_____，K 为_____。

7. 时序逻辑电路通常由_____和_____两部分组成。

8. 计数器按 CP 触发方式不同，可分为_____和_____计数器。

二、选择题

1. RS 触发器，当 $R = 0$、$S = 1$ 时，触发器的状态为 （　　　）。
A. 置 1　　　　B. 置 0　　　　C. 保持　　　　D. 不定

2. JK 触发器，当 $J = 0$，$K = 1$，$Q^n = 1$ 时，触发器的次态为 （　　　）。
A. 置 1　　　　B. 置 0　　　　C. 保持　　　　D. 不定

3. JK 触发器，当 $J = 1$，$K = 0$，$Q^n = 1$ 时，触发器的次态为 （　　　）。
A. 置 1　　　　B. 置 0　　　　C. 保持　　　　D. 不定

4. JK 触发器，当 $J=1$，$K=1$，$Q^n=1$ 时，触发器的次态为（　　）。

A. 置 1　　　　　B. 置 0　　　　　C. 保持　　　　　D. 计数

5. JK 触发器输入信号的取值有（　　　）。

A. 1 种　　　　　B. 2 种　　　　　C. 3 种　　　　　D. 4 种

6. D 触发器具有的功能是（　　）

A. 置 1　　　　　B. 置 0　　　　　C. 保持　　　　　D. 置 0 和置 1

7. 时序逻辑电路的组成主要是（　　　）。

A. 触发器　　　　B. 开关　　　　　C. 门电路　　　　D. 触发器和门电路

8. 在十进制加法计数器中，从零开始计数，当第 8 个 CP 脉冲过后，计数器的状态为（　　）。

A. 1010　　　　　B. 1000　　　　　C. 1001　　　　　D. 0110

9. 计数器是对输入的计数脉冲进行计算的电路，它的构成是（　　）。

A. 寄存器　　　　B. 放大器　　　　C. 触发器　　　　D. 运算器

三、简答题

1. 什么是编码器？

2. 什么是译码器？

3. 什么是时序逻辑电路？

4. 画出基本 RS 触发器的电路图，并写出其真值表。

项目七　555 定时器应用电路

555 定时器是一种多用途的数字—模拟混合集成电路，只需在其外部配上少量的阻容元件，就可方便地构成很多实用电路。本项目就是通过制作定时器开关来学习 555 定时器的电路组成和功能、单稳态触发器的工作原理、多谐振荡器应用电路——简易催眠器的工作原理及电路制作。

任务一　单稳态触发器的制作与测试

任务目标

知识目标

1）了解 555 定时器电路组成。

2）掌握单稳态触发器电路组成及其工作原理。

技能目标

1）能简单分析单稳态触发器电路的工作过程。

2）会使用 555 定时器制作单稳态触发器。

素质目标

1）培养学生独立思考、动手操作的习惯。

2）养成学生互相学习、协同工作的精神。

任务描述

555 定时器是一种中规模集成电路。因为它的成本低，性能可靠，只需要外接几个电阻器、电容器，就可以实现多谐振荡器、单稳态触发器及施密特触发器等脉冲产生与变换电路，所以在仪器仪表、家用电器、电子测量及自动控制等方面得到广泛应用。NE555 的外形结构如图 7-1 所示。本任务就是制作与测试由 555 定时器构成的单稳态触发器。

图 7-1　NE555 的外形结构

任务实施

一、工具及材料准备

1）万用表、低频信号发生器、双踪示波器。

2）直流稳压电源、焊接工具、其他装接工具。

3）单稳态触发器电路元器件明细表如表 7-1 所示。

二、检测与筛选元器件

对电路中使用的元器件进行检测与筛选。

表 7-1　单稳态触发器电路元器件明细表

序号	名称	规格	数量
1	电阻器 R_1	20kΩ	1
2	电阻器 R_t	50kΩ	1
3	电容器 C_1	1000pF	1
4	电容器 C_2	0.01μF	1
5	电容器 C_t	2000pF	1
6	555 定时器	NE555	1
7	万用板		1
8	焊料、助焊剂		
9	导线 400mm		若干

三、单稳态触发器的制作

按照图 7-4 所示在万用板上对各部分电路进行装配，装配工艺要求为：
1）集成插座底部贴紧万用板。
2）电阻器均采用卧式安装，要求贴紧万用板，电阻器色环方向应一致。
3）电容器均采用垂直安装，电容器底部离万用板 3～5mm。
4）布线合理、正确。
5）焊接方法规范，焊点合格，无漏焊、虚焊、假焊和短路现象。

四、自检

装配完成后首先进行自检，正确无误后才能进行调试。

1. 焊接检查

检查电路有无漏焊、错焊、虚焊、假焊或松动等问题。

2. 元器件检查

重点检查集成插座引脚有无接错、短路和断路问题。

3. 接线检查

对照电路图检查接线是否正确，有无接错，是否有碰线、短路、断路现象等。

五、测试要求及方法

1. 静态测试

测量 555 定时器静态电压填入表 7-2 中，并判断其性能。

表 7-2　555 定时器静态电压及性能

引脚 参数	1	2	3	4	5	6	7	8
电压								
性能								

2. 动态测试

用双踪示波器测试 U_i、U_C、U_o 信号波形，并画出 U_i、U_C、U_o 信号的对应波形。

U_i 波形

U_C 波形

U_0 波形

知识链接

一、555 定时器基本知识

1. 555 定时器的认识

555 定时器是一种模拟和数字功能相结合的中规模集成器件。一般用双极型（TTL）工艺制作的称为 555，用互补金属氧化物（CMOS）工艺制作的称为 7555，除单定时器外，还有对应的双定时器 556/7556。555 定时器的电源电压范围宽，可在 4.5 ~ 16V 之间正常工作。7555 可在 3 ~ 18V 工作，输出驱动电流约为 200mA，因而其输出可与 TTL、CMOS 或者模拟电路电平兼容 555 集成定时电路。

2. 555 定时器的内部电路结构

555 定时器内部的电路包括两个电压比较器 C_1 和 C_2、一个基本 RS 触发器、一个晶体管 VT、一个输出缓冲器和一个由 3 个阻值为 5kΩ 的电阻组成的分压器，如图 7-2 所示。

3. 555 定时器的引脚排列及功能

555 定时器的引脚排列图如图 7-3 所示。

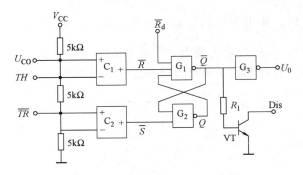

图 7-2 555 定时器内部的电路结构

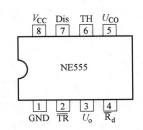

图 7-3 555 定时器引脚排列图

555 定时器各个引脚功能如下：

1 脚（GND）：外接电源负端 V_{SS} 或接地，一般情况下接地。

2 脚（$\overline{TR}$）：低触发端。

3 脚（U_o）：输出端。

4 脚（$\overline{R_d}$）：是直接清零端。当此端接低电平时，则时基电路不工作，此时不论 $\overline{TR}$、

TH 处于何电平，时基电路输出为"0"，该端不用时应接高电平。

5 脚（U_{CO}）：控制电压端。若此端外接电压，则可改变内部两个比较器的基准电压，当该端不用时，应将该端串入一只 $0.01\mu F$ 电容接地，以防引入干扰。

6 脚（TH）：高触发端。

7 脚（Dis）：放电端。该端与晶体管集电极相连，用做定时器电容的放电。

8 脚（V_{CC}）：外接电源。双极型时基电路 V_{CC} 的范围是 $4.5 \sim 16V$，CMOS 型时基电路 V_{CC} 的范围为 $3 \sim 18V$，一般情况用 5V。

在 1 脚接地，5 脚未外接电压，两个比较器 C_1、C_2 基准电压分别为 $\frac{2}{3}V_{CC}$ 和 $\frac{1}{3}V_{CC}$ 的情况下，555 时基电路的功能表如表 7-3 所示。

表 7-3　555 时基电路的功能表

清零端	高触发端 TH	低触发端 TL	Q	晶体管 VT	功能
0	×	×	0	导通	直接清零
1	0	1	×	保持上一状态	保持上一状态
1	1	0	1	截止	置1
1	0	0	1	截止	置1
1	1	1	0	导通	清零

二、单稳态触发器

由 555 定时器构成的单稳态触发器是由 555 定时器、电阻 R_t 和电容 C_t 组成的。其电路结构如图 7-4 所示。在电路中，U_i 接 555 定时器的输入端。

其工作原理为：稳态时 555 电路输入端处于电源电平，内部放电开关管 VT 导通，输出端 U_o 输出低电平，当有一个外部负脉冲触发信号加到 U_i 端，并使 2 端电位瞬时低于 $\frac{1}{3}V_{CC}$，低电平比较器动作，单稳态电路即开始一个稳态过程，电容 C_t 开始充电，C_t 正极电位值按指数规律增长。当 C_t 正极电位值到 $\frac{2}{3}V_{CC}$ 时，高电平比较器动作而发生翻转，输出 U_o 从高电平返回低电平，放电开关管 VT 重新导通，电容 C_t 上的电荷很快经放电开关管放电，暂态结束，恢复稳定，为下个触发脉冲的来到作好准备。单稳态触发器波形图如图 7-5 所示。

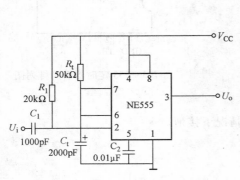

图 7-4　单稳态触发器电路结构

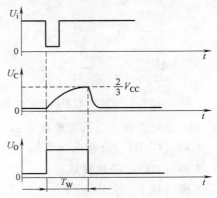

图 7-5　单稳态触发器波形图

暂稳态的持续时间 T_w（即为延时时间）决定于外接电阻 R_t 和电容 C_t 的大小。

$$T_w = 1.1 R_t C_t$$

通过改变 R_t、C_t 的大小，可使延时时间在几微秒和几十分钟之间变化。当这种单稳态电路作为计时器时，可直接驱动小型继电器，并可采用复位端接地的方法来终止暂态重新计时。此外需用一个续流二极管与继电器线圈并接，以防继电器线圈反电动势损坏内部功率管。

任务评价

单稳态触发器的制作与测试评分标准如表 7-4 所示。

表 7-4 单稳态触发器的制作与测试评分标准

考核项目	考核要求	评价标准	配分	自评分	互评分	师评分	分评总分	总评
仪器仪表使用	正确、规范使用万用表及示波器	1. 万用表使用不正确，一次扣 3 分 2. 示波器使用不正确一次扣 5 分	15					
电路安装	1. 电路安装符合工艺要求 2. 在规定时间内独立完成电路装接，电路接线正确，布局合理	1. 电路安装正确、完整，一处不符合扣 10 分 2. 元器件安装符合工艺要求，一处不符扣 5 分 3. 元器件完好无损，损坏元器件每只扣 3 分	40					
电路测试	能正确测试电压和观测波形	1. 不能正确测试电压，每处扣 2 分 2. 不能观测输入、输出波形，每处扣 5 分	15					
课堂活动的参与度	积极参与课堂组织的讨论、思考、操作和回答提问	1. 不积极思考或没参加小组讨论、没回答提问，视情况扣 5 ~ 10 分 2. 不参加小组操作，扣 10 分	20					
安全文明实训	遵守实训室管理要求，保持实训环境整洁	1. 违反管理要求，视情况扣 5 分 2. 未保持环境整洁和清洁，扣 5 分	10					

注：分评总分 = 自评分 ×20% + 互评分 ×30% + 师评分 ×50%。

任务二 简易催眠器电路的制作与调试

任务目标

知识目标

1）了解 555 多谐振荡器的工作过程。

2）了解 555 多谐振荡器的振荡周期。

技能目标

1）会计算和调整 555 多谐振荡器的振荡周期。

2）会制作和调试由 555 定时器构成的催眠器。

素质目标

1）培养学生独立思考、动手操作的习惯。

2）养成学生互相学习、协同工作的精神。

任务描述

本任务就是制作与调试由 555 定时器构成的简易催眠器，其电路图如图 7-6 所示。

任务实施

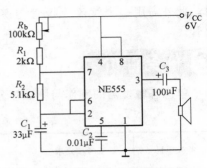

图 7-6　简易催眠器电路图

一、工具及材料准备

1）直流稳压电源（6V）、万用表、常用电子组装工具。

2）简易催眠器电路材料明细表如表 7-5 所示。

表 7-5　简易催眠器电路材料明细表

序号	名　称	规　格	数　量
1	电阻器 R_1	2kΩ	1
2	电阻器 R_2	5.1kΩ	1
3	电位器 RP	100kΩ	1
4	电解电容器 C_1	33μF/16V	1
5	无极性电容器 C_2	0.01μF	1
6	电解电容器 C_3	100μF/16V	1
7	扬声器	8Ω/0.5W	1
8	555 定时器	NE555	1
9	万用板		1
10	焊接工具	30W/220V	1
11	焊料、助焊剂		
12	排线		4

二、检测与筛选元器件

对电路中使用的元器件进行检测与筛选。

三、装配电路

按照电路图装配电路，装配工艺要求为：

1）集成插座底部贴紧万用板。

2）电阻器均采用卧式安装，要求贴紧万用板，电阻器色环方向应一致。

3）电容器均采用垂直安装，要求电解电容器底部紧贴万用板不能歪斜，注意极性不能接错。无极性电容器底部离万用板3~5mm。

4）布线合理、正确。

5）焊接方法规范，焊点合格，无漏焊、虚焊、假焊和短路现象。

四、自检

装配完成后首先进行自检，正确无误后才能进行调试。

1. 焊接检查

检查电路有无漏焊、错焊、虚焊、假焊或松动等问题。

2. 元器件检查

重点检查集成插座引脚有无接错、短路和断路问题。

3. 接线检查

对照电路图检查接线是否正确，有无接错，是否有碰线、短路、断路现象等。

五、调试要求及方法

适当调节电位器RP的值，倾听扬声器雨滴声频率的变化，使雨滴声频率适中。

知识链接

多谐振荡器及其工作原理

用 NE555 定时器构成的多谐振荡器电路如图 7-7 所示。多谐振荡器又称为无稳态触发器，它没有稳定的输出状态，只有两个暂稳态。在电路处于某一暂稳态后，经过一段时间可以自行触发翻转到另一暂稳态。两个暂稳态自行相互转换而输出一系列矩形波。多谐振荡器可用作方波发生器，其具体工作过程如下：

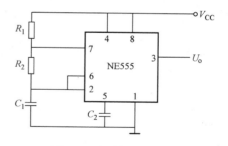

图 7-7　多谐振荡器电路

1. 振荡的产生

电源接通后，电源电压 V_{CC} 通过电阻 R_1、R_2 向电容 C_1 充电。当电容两端电压 $U_C = 2/3 V_{CC}$ 时，阈值输入端（6脚）受到触发，比较器 A_1 翻转，输出电压 $U_o = 0$，同时放电开关管导通，电容 C_1 通过 R_2 放电；当电容上电压 $U_C = 1/3 V_{CC}$ 时，比较器 A_2 工作，输出电压 U_o 变为高电平，即 $U_o = 1$，此时，C_1 放电终止，接着又重新开始充电，这样周而复始，就形成了振荡。

由此可知：

1）电路的振荡周期 T、占空系数 D，仅与外接元器件 R_1、R_2 和 C_1 有关，不受电源电压变化的影响。

2）改变 R_1 或 R_2，即可改变占空系数，其值可在较大范围内调节。

3）改变 C_1 的值，可单独改变周期，而不影响占空系数。

4）若复位端（4脚）输入低电平时，电路停振。

2. 矩形脉冲的产生

当 U_C 下降到略微低于 $1/3V_{CC}$ 时，RS 触发器置 1，电路输出又变为 $U_o = 1$，放电开关管截止，电容 C_1 再次充电，这样重复上述过程，电路输出便得到周期性的脉冲。多谐振荡器波形图如图 7-8 所示。

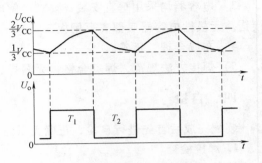

图 7-8　多谐振荡器波形图

3. 振荡周期

多谐振荡器的振荡周期为两个暂稳态的持续时间之和，即 $T = T_1 + T_2$。其中 T_1 是电容 C_1 的充电时间：$T_1 = 0.7(R_1 + R_2)C_1$

T_2 是电容 C_1 的放电时间：$T_2 = 0.7R_2C_1$

因而振荡周期：$T = 0.7(R_1 + 2R_2)C_1$

任务评价

简易催眠器电路的制作与调试评分标准如表 7-6 所示。

表 7-6　简易催眠器电路的制作与调试评分标准

考核项目	考核要求	评价标准	配分	自评分	互评分	师评分	分评总分	总评
仪器仪表使用	正确使用万用表	不能正确使用万用表，扣 2 分/次	10					
电路安装	1. 电路安装符合工艺要求 2. 在规定时间内独立完成电路装接，电路接线正确，布局合理	1. 电路安装正确、完整，一处不符合扣 10 分；布线不合理扣 5 分 2. 元器件安装符合工艺要求，一处不符扣 3 分 3. 元器件极性安装错误，一处扣 5 分 4. 元器件完好无损，损坏元器件每只扣 3 分	45					
调试	正确调试电路关键点电位	1. 关键点不正常，扣 5 分 2. 不能测试关键点电压，每处扣 3 分	15					
课堂活动的参与度	积极参与课堂组织的讨论、思考、操作和回答提问	1. 不积极思考或没参加小组讨论、没回答提问，视情况扣 5 ~ 10 分 2. 不参加小组操作，扣 10 分	20					
安全文明实训	遵守实训室管理要求，保持实训环境整洁	1. 违反管理要求，视情况扣 5 分 2. 未保持环境整洁和清洁，扣 5 分	10					

注：分评总分 = 自评分 × 20% + 互评分 × 30% + 师评分 × 50%。

任务三　触摸式延时开关电路的制作与调试

知识目标

1）能简单分析555定时器在开关电路中的定时工作条件。

2）会计算开关延迟时间。

技能目标

1）会调整延时电路的延迟时间。

2）会利用555定时器制作定时开关。

素质目标

1）培养学生独立思考、动手操作的习惯。

2）养成学生互相学习、协同工作的精神。

任务描述

　　触摸式照明灯就是在使用时，只要用手摸一下开关上的电极片，电灯就会点亮，延迟一定时间，电灯会自动熄灭。这样既给人们在电灯的短时使用时带来方便，又达到了节约电能的目的。本任务就是制作与调试触摸式延时开关电路。

任务实施

一、工具及材料准备

1）万用表、交流电源（220V）、直流电源（9V）。

2）触摸式延时开关电路元器件明细表如表7-7所示。

表7-7　触摸式延时开关电路元器件明细表

序号	名　　称	规　　格	数　　量
1	电阻器 R_1	1MΩ	1
2	电解电容器 C_1	47μF/16V	1
3	电解电容器 C_2	1μF/16V	1
4	555定时器	NE555	1
5	继电器 KS	6V	1
6	灯泡 HL	30W/220V	1
7	二极管 VD_1	1N4001	1
8	万用板		1
9	焊接工具	30W/220V	1
10	焊料、助焊剂		
11	排线		4

二、触摸式延时开关电路制作

1）NE555集成电路的认识及引脚的识别。

2) 依据电路图完成电路装接图的设计。电路装接图必须有清晰的电路连接方法，电路接线正确，布局合理，电路整体设计美观。

3) 电路连接与电路图一致，电路安装符合工艺要求，集成插座底部贴紧万用板；焊接方法正确，焊点符合工艺要求，引脚长度留 1～2mm。

4) 调试时，需完成①检查电路装接正确后，接通直流和交流电源。②试验触摸式延时开关的功能。

知识链接

一、触摸式延时开关电路

利用 555 定时器制作的触摸式延时开关电路，如图 7-9 所示。它处于一种典型的单稳态工作模式。

二、工作原理

当人手触碰电极片时，人体感应的杂波信号经 C_2 注入 555 触发器的触发端 2 脚，使 555 定时器翻转进入暂态，3 脚突

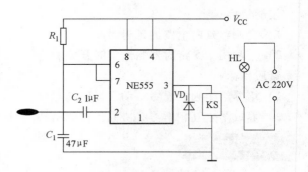

图 7-9　触摸式延时开关电路

变为高电平，使继电器得电而吸合，使常开触头闭合，电灯就发亮。此时，即便是人手离开电极片，由于直流电源经 R_1 给 C_1 充电，再经二极管 VD$_1$ 使 3 脚仍为高电平，电灯不会熄灭，只有当 C_1 充电结束，3 脚变为低电平时，电灯熄灭。这个延迟时间由 R_1 和 C_1 共同决定。

任务评价

触摸式延时开关电路的制作与调试评分标准如表 7-8 所示。

表 7-8　触摸式延时开关电路的制作与调试评分标准

考核项目	考核要求	评价标准	配分	自评分	互评分	师评分	分评总分	总评
仪器仪表使用	正确、规范使用万用表	不能正确使用万用表，扣 10 分	10					
电路安装及调试	1. 电路安装符合工艺要求 2. 在规定时间内独立完成电路装接，电路接线正确，布局合理 3. 能正确调整电路参数改变延时时间	1. 电路安装正确、完整，每处不符合扣 10 分 2. 元器件安装符合工艺要求，每处不符扣 5 分 3. 元器件完好无损，损坏元器件每只扣 3 分 4. 不知道通过改变 R_t 或 C_t 来调整电路延迟时间扣 5 分	60					
课堂活动的参与度	积极参与课堂组织的讨论、思考、操作和回答提问	1. 不积极思考或没参加小组讨论、没回答提问，视情况扣 5～10 分 2. 不参加小组操作，扣 10 分	20					
安全文明实训	遵守实训室管理要求，保持实训环境整洁	1. 违反管理要求，视情况扣 5 分 2. 未保持环境整洁和清洁，扣 5 分	10					

注：分评总分 = 自评分 ×20% + 互评分 ×30% + 师评分 ×50%。

思考与练习

一、填空题

1. 555 定时器是一种多用途的＿＿＿＿与＿＿＿＿混合集成电路。

2. 555 定时器的主要功能取决于两个比较器输出对＿＿＿＿触发器、＿＿＿＿状态的控制。

3. 多谐振荡器中，T_1 是电容 C 的＿＿＿＿时间，T_2 是电容 C 的＿＿＿＿时间。

4. 多谐振荡器不需要外加＿＿＿＿信号，接通直流电源后就可以产生＿＿＿＿的矩形脉冲。

二、选择题

1. 在 555 定时器中，R_d 端的作用是（　　　）。

A. 同步置 0　　　　　B. 异步置 0　　　　　C. 同步置 1　　　　　D. 异步置 1

2. 在 555 定时器中，3 脚是（　　　）。

A. 同步输入端　　　　B. 异步输入端　　　　C. 压控输入端　　　　D. 输出端

3. 在多谐振荡器中，已知振荡器输出矩形脉冲的周期为 1s，第一暂稳态的时间为 0.8s，则第二暂稳态的时间为（　　　）。

A. 0.02s　　　　　　B. 0.2s　　　　　　C. 1.2s　　　　　　D. 1.8s

4. 多谐振荡器的工作特点是（　　　）。

A. 有两个稳定状态　　　　　　　　　B. 有一个稳态和一个暂态

C. 有两个暂稳态　　　　　　　　　　D. 有一个暂稳态

5. 多谐振荡器的振荡周期是（　　　）。

A. $T_1 - T_2$　　　　B. $T_1 T_2$　　　　C. T_1 / T_2　　　　D. $T_1 + T_2$

6. 单稳态触发器的工作特点是（　　　）。

A. 有两个暂稳态　　　　　　　　　　B. 有一个稳态和一个暂态

C. 有一个稳态　　　　　　　　　　　D. 有一个暂稳态

三、简答题

1. 555 定时器由哪几部分组成？

2. 说明如何调节用 555 定时器构成的多谐振荡器的振荡频率。

3. 在简易催眠器电路中，若使雨滴声频率为 2Hz，那么电位器 RP 的值应该调整为多少？

参 考 文 献

[1]　张兴龙. 电子技术基础 ［M］. 2 版：北京：高等教育出版社，2011.

[2]　王奎英. 电子技术基础与技能 ［M］. 北京：科学出版社，2010.

[3]　刘玉章，张翠娟. 模拟电子技术 ［M］. 北京：机械工业出版社，2012.

[4]　李德信. 电子电路与技能训练 ［M］. 北京：机械工业出版社，2012.

检
43